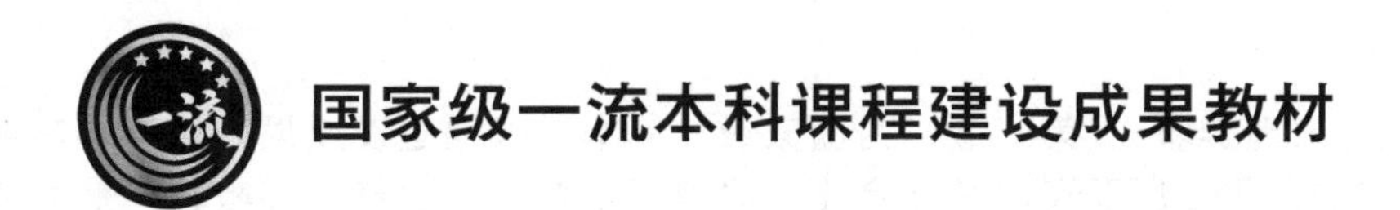

化工原理实验

第二版

都健　王瑶　主编

化学工业出版社

· 北 京 ·

内容简介

《化工原理实验》(第二版)为国家级一流本科课程建设成果教材，是在第一版基础上修订而成的。化工原理实验是配合化工原理理论教学而设置的实验课，是教学中的实践环节。本书系统介绍了实验的研究方法和设计方法、实验数据的测量及误差、实验数据的处理、化工过程常见物理量测量等基本内容。重点介绍了化工重要单元操作的相关化工原理实验，包括基本实验、创新型实验以及演示实验。另外，本书增加了实验讲解视频和拓展内容等数字资源，读者可扫描本书二维码获取，辅助学习。

《化工原理实验》(第二版)可供化工、制药、轻工、石油、食品、环境等相关专业的本科生使用，也可供相关科技人员参考使用。

图书在版编目(CIP)数据

化工原理实验 / 都健，王瑶主编. -- 2版. -- 北京 : 化学工业出版社，2024. 11. --(国家级一流本科课程建设成果教材). -- ISBN 978-7-122-46640-2

Ⅰ. TQ02-33

中国国家版本馆CIP数据核字第2024ZH4523号

责任编辑：徐雅妮　　文字编辑：孙倩倩
责任校对：李雨晴　　装帧设计：刘丽华

出版发行：化学工业出版社
(北京市东城区青年湖南街13号　邮政编码100011)
印　　装：北京天宇星印刷厂
787mm×1092mm　1/16　印张 9¼　字数 215千字
2024年11月北京第2版第1次印刷

购书咨询：010-64518888　　售后服务：010-64518899
网　　址：http://www.cip.com.cn
凡购买本书，如有缺损质量问题，本社销售中心负责调换。

定　　价：29.00元　

前　　言

在全面贯彻习近平新时代中国特色社会主义思想和党的二十大精神的背景下，我们深入推进化工原理实验教学改革，旨在培养适应新时代需求的化工类及相关专业人才。化工行业作为国民经济的重要支柱产业，其转型升级将带动相关行业的新发展，助推新质生产力的实现。化工原理实验是化工类专业教学的重要组成部分，对于培养学生的实践能力和创新思维至关重要。大连理工大学的化工原理课程2020年获评首批国家级一流本科课程，化工原理实验教材也是该一流课程的建设成果。教材中我们通过引入先进的实验教学方法和手段，强化学生工程实践能力和解决复杂问题能力的培养。

《化工原理实验》自2017年出版以来，已使用7年。在这7年期间，化工原理实验教学在教学理念、教学内容及实验教学设备方面均发生了变化。并且，为适应新形势下教学发展信息化和可视化的建设需要，原有纸版实验教材已不能满足现有的实验教学，因此，需要对原有教材进行修订，并建设为新形态教材。

此次修订，对更新升级的流体阻力实验、过滤实验、干燥实验、传热综合实验、精馏综合实验等根据新装置流程进行了调整，增加了三个演示实验。在此基础上，根据各个章节知识点特点，增加微课、视频、动画等数字资源，通过扫描教材上的二维码，获得相应素材，更方便学生对实验内容的理解、对实验设备结构以及常见测量设备结构和原理的认知，拓展了实验教学知识点，有利于工程创新能力的培养。

全书共7章，编写分工如下：第1章由都健编写；第2章由王瑶编写；第3章由都健、齐新鸿编写；第4章由姜晓滨、徐威编写；第5章实验1由徐威、姜晓滨编写，实验2由俞路编写，实验3由李甜甜、李祥村编写，实验4由王瑶、马沧海编写，实验5由刘琳琳、都健编写，实验6由潘艳秋、张磊编写，实验7由肖武、陈婉婷编写，实验8由李祥村、吴雪梅编写；第6章实验9由王瑶编写，实验10由肖武编写，实验11由王维编写，实验12由姜晓滨、李甜甜编写；第7章实验13、实验14由董亚超编写，实验15由庄钰编写。全书由都健、王瑶主编并统稿。

本书的修订得到了大连理工大学化工原理教研室其他教师的帮助和支持，在此表示衷心的感谢。

鉴于作者水平有限，书中难免有不妥和疏漏之处，敬请读者指正。

编者

2024年5月

第一版前言

化工原理实验是深入学习化工过程及设备原理、将过程原理联系工程实际、掌握化工单元操作研究方法的重要课程，是培养和训练化工技术人才分析解决工程实际问题能力的重要环节。通过化工原理实验课程的教学和实验训练，使学生深入地理解和应用化工原理基本理论，初步掌握化工生产中典型单元操作的操作技能和方法；培养学生严谨的科学研究态度，良好的实验素养及独立解决问题、数据处理和实验设计能力；树立科学的工程观念，为学生今后从事化工行业的工作打下良好基础。

本书是大连理工大学化工原理教研室教师多年教学实践的总结，编写时进一步将实验教学对象与内容拓宽加深，同时引入实验教学改革的新成果，以满足化工类人才培养的新要求。

本书主要介绍了化工原理实验基础知识、实验研究方法和设计方法、实验数据的测量及误差、实验数据的处理、化工过程常见物理量测量和典型的化工原理实验。实验内容分三个层次：第一个层次是基本实验内容，该部分实验的主要目的在于对学生进行化工过程实验的基本训练；第二个层次是进行综合型和设计型实验的研究，学生可以根据综合型实验的情况进行实验内容设计，提高发现、分析和解决实际问题的能力；第三个层次是创新型实验内容，这部分作为基础好的学生的选做实验及创新型实验训练。本书实验内容具有多功能性和创新性，突出单元操作基本原理的灵活运用，不仅适合大连理工大学开发的实验装置，还可以为其他《化工原理实验》教材的编写和类似实验装置的开发提供借鉴。

全书共5章，其中第1章的1.1～1.3节由都健编写，1.4节由俞路编写；第2章由王瑶编写；第3章由都健编写；第4章由王刚、姜晓滨编写；第5～7章的实验1由王刚、姜晓滨编写，实验2和实验4由吴雪梅、李祥村编写，实验3由肖武、姜晓滨编写，实验5由俞路编写，实验6和实验9由王瑶编写，实验7由都健、刘琳琳编写，实验8由潘艳秋编写，实验10由肖武编写，实验11由王维编写。全书由都健、王瑶、王刚主编并统稿。

本书的编写工作还得到了大连理工大学化工原理教研室其他老师的帮助与支持，在此表示诚挚的谢意。本书在编写过程中参考了许多同类教材和专著，在此谨向相关作者表示感谢。

由于作者水平所限，书中难免有不妥和疏漏之处，敬请指正。

编者

2017年6月

目　录

第1章

绪　论

1.1　化工原理实验的特点和目的

化工原理课程是化工与制药类及相关专业的重要专业基础课。其主要任务是研究生产过程中各种单元操作的规律，并用这些规律解决生产中的工程问题。本课程在培养从事化工科学研究和工程技术人才过程中发挥着重要作用。

化工原理实验是配合化工原理课堂理论教学设置的实验课，是教学中的实践环节。化工原理实验不同于基础课实验，具有典型的工程实际特点。实验都是按各单元操作原理设置的，其工艺流程、操作条件和参数变量，都比较接近于工业应用，并要求实验人员运用工程的观点去分析、观察和处理数据。实验结果可以直接用于或指导工程计算和设计。学习、掌握化工原理的实验及其研究方法，是学生从理论学习到工程应用的一个重要实践过程。通过实验可以达到以下教学目的：

① 配合理论教学，通过实验从实践中进一步学习、掌握和运用学过的基本理论。

② 运用学过的化工过程基本理论，分析实验过程中的各种现象和问题，培养训练学生分析问题和解决问题的能力。

③ 了解化工实验设备的结构、特点，学习常用实验仪器仪表的使用，使学生掌握化工实验的基本方法，并通过实验操作训练学生的实验技能，通过创新型实验提高学生素质。

④ 应用计算机进行实验数据的分析处理，编写报告，培养训练学生实际计算和编制报告的能力。

⑤ 通过实验培养学生良好的学风和工作作风，以严谨、科学、求实的精神对待科学实验与研究开发工作。

1.2　实验的研究方法和设计方法

1.2.1　实验的研究方法

化学工程学科，如同其他工程学科一样，除了生产经验的总结之外，实验研究是学科建立和发展的重要基础。多年来，化工原理在发展过程中形成的研究方法有直接实验法、理论指导下的实验研究方法（量纲分析法）和数学模型法等几种。

（1）直接实验法

直接实验法是解决工程实际问题最基本的方法。一般是指对特定的工程问题进行直接实验测定，从而得到需要的结果。这种方法得到的结果较为可靠，但它往往只能用于条件相同的情况，具有较大的局限性。例如物料干燥，已知物料的湿分，利用空气作干燥介质，在空气温度、湿度和流量一定的条件下，直接实验测定干燥时间和物料失水量，可以作出该物料的干燥曲线，如果物料和干燥条件不同，所得干燥曲线也不同。

对一个多变量影响的工程问题进行实验，为研究过程的规律，用网络法实验测定，即依次固定其他变量，改变某一个变量测定目标值。如果变量数为 m 个，每个变量改变条件数为 n 次，按这种方法规划实验，所需实验次数为 n^m 次。依这种方法组织实验，所需实验数目非常大，难以实现。所以实验需要在一定理论指导下进行，以减少工作量，并使得到的结果具有一定的普遍性。量纲分析法是化学工程实验研究广泛使用的一种方法。

（2）量纲分析法

量纲分析法，所依据的基本原则是物理方程的量纲一致性。将多变量函数整理为简单的量纲为 1 数群（又称特征数）之间的函数，然后通过实验归纳整理出量纲为 1 数群之间的具体关系式，从而大大减少实验工作量，同时也容易将实验结果应用到工程计算和设计中。量纲分析法的具体步骤是：

① 找出影响过程的独立变量；

② 确定独立变量所涉及的基本量纲；

③ 构造变量和自变量间的函数式，通常以指数方程的形式表示；

④ 用基本量纲表示所有独立变量的量纲，并写出各独立变量的量纲式；

⑤ 依据物理方程的量纲一致性和 π 定理得出量纲为 1 数群方程；

⑥ 通过实验归纳总结量纲为 1 数群的具体函数式。

例如，流体在管内流动的阻力和摩擦系数 λ 的计算研究，是通过量纲分析法和实验得到解决的，可参见相关教材。利用量纲分析法，也可以得到各种传热过程的量纲为 1 数群之间的关系。

（3）数学模型法

数学模型法是在对研究的问题有充分认识的基础上，将复杂问题作合理简化，提出一个近似实际过程的物理模型，并用数学方程（如微分方程）表示成数学模型，然后确定该方程的初始条件和边界条件，求解方程。高速大容量电子计算机的出现，使数学模型法得以迅速发展，成为化学工程研究中的强有力工具。但这并不意味着可以取消和削弱实验环节。相反，对工程实验提出了更高的要求。一个新的、合理的数学模型，往往是在现象观察的基础上，或对实验数据进行充分研究后提出的，新的模型必然引入一定程度的近似和简化，或引入一定参数，这一切都有待于实验进一步地修正、校核和检验。

1.2.2 实验的设计方法

实验设计就是根据已确定的实验内容，拟定一个具体的实验安排表以及对实验所得数据如何进行分析等。化工原理实验通常涉及多变量多水平的实验设计，如何安排和组织实验，用最少的实验获取最有价值的实验结果，成为实验设计的核心内容。实验的设计方法常用的有关术语和符号有：

① 实验指标　实验中用来衡量实验效果的指标，如产量、转化率、纯度等。

② 因素　指作为实验研究过程的自变量，常常是造成实验指标按某种规律发生变化的那些原因，如温度、流量、操作压力等。常用A、B、C等表示。

③ 水平　实验中因素所处的具体状态或条件称为水平，常用 A_1、A_2、A_3 等表示。如某化学反应温度对转化率有影响，温度就是因素，温度的不同取值，如80℃、100℃、150℃等即因素的水平。

化工实验中常用的设计方法如下。

（1）全面搭配法

全面搭配法又称网格法或析因法，该方法的特点是将各个因素的各个水平逐一搭配，每一种搭配即构成一个实验点。如在某实验中，要考察A、B、C三个因素对某个参数的影响，且每个因素取3个水平，用全面搭配法安排实验的话，需要做27次实验。图1.1、表1.1给出了3因素3水平的全面搭配法实验设计示意图及实验设计方案表。

由此可见，若实验因素个数为 n，每个因素的水平数为 m，则完成整个实验所需的实验次数为 m^n。显然，若要考察的变量数比较多时，实验次数要显著增加。因此，当涉及的变量数较多时，不适合采用此种方法。

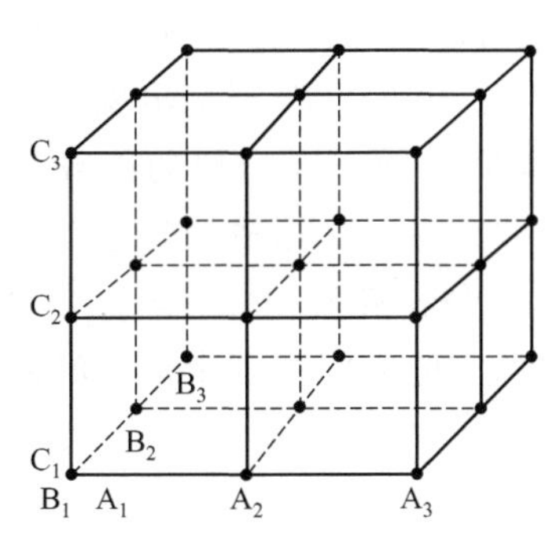

图1.1　3因素3水平全面搭配法实验设计示意

表1.1　3因素3水平全面搭配法的实验设计方案表

$A_1B_1C_1$	$A_2B_1C_1$	$A_3B_1C_1$
$A_1B_1C_2$	$A_2B_1C_2$	$A_3B_1C_2$
$A_1B_1C_3$	$A_2B_1C_3$	$A_3B_1C_3$
$A_1B_2C_1$	$A_2B_2C_1$	$A_3B_2C_1$
$A_1B_2C_2$	$A_2B_2C_2$	$A_3B_2C_2$
$A_1B_2C_3$	$A_2B_2C_3$	$A_3B_2C_3$
$A_1B_3C_1$	$A_2B_3C_1$	$A_3B_3C_1$
$A_1B_3C_2$	$A_2B_3C_2$	$A_3B_3C_2$
$A_1B_3C_3$	$A_2B_3C_3$	$A_3B_3C_3$

（2）正交实验设计法

正交实验设计法是一种科学地安排与分析多因素实验的方法。它利用正交表来安排实验、计算和分析实验结果。该方法的特点是：

① 所需的实验次数少；

② 数据点分布均匀；

③ 可以方便地应用极差分析法、方差分析法对实验结果进行处理，获得许多有价值的重要结论。

使用正交实验设计法进行实验方案的设计，就必须用到正交表。下面以 $L_8(2^7)$ 为例说明正交表符号的含义，$L_8(2^7)$ 正交表的形式见表1.2。

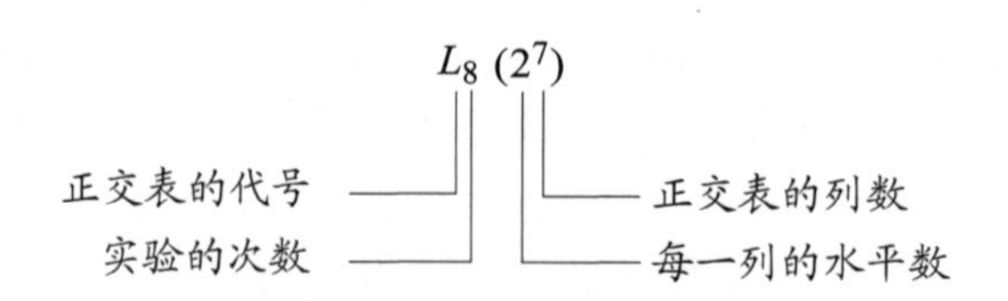

表 1.2 $L_8(2^7)$ 正交表的形式

实验号＼列号	1	2	3	4	5	6	7
1	1	1	1	1	1	1	1
2	1	1	1	2	2	2	2
3	1	2	2	1	1	2	2
4	1	2	2	2	2	1	1
5	2	1	2	1	2	1	2
6	2	1	2	2	1	2	1
7	2	2	1	1	2	2	1
8	2	2	1	2	1	1	2

从表 1.2 中可以看出，正交表具有两个特点：

① 每个因素的各个水平在表中出现的次数相等。即每个因素在其各个水平上都具有相同次数的重复实验。如表 1.2 中，每列对应的水平“1”与水平“2”都是出现 4 次。

② 任意两列并列在一起形成若干个有序数字对，不同有序数字对出现的次数也都相同。即任意两列的水平搭配是均衡的。如第 2 列和第 5 列并列在一起形成的有序数字对共有 4 种：(1,1)、(1,2)、(2,1)、(2,2)。每种数字对出现的次数相等，这里都是 2 次。

正是由于正交表具有上述特点，保证了用正交表安排的实验方案中因素水平的搭配是均衡的，数据点的分布是均匀的。

下面用一个图来说明正交实验法的数据点分布。如一个 3 因素（用 A、B、C 表示）3 水平的实验，可选用 $L_9(3^4)$ 正交表来安排实验。图 1.2、表 1.3 给出了该正交实验设计示意图及实验方案表。

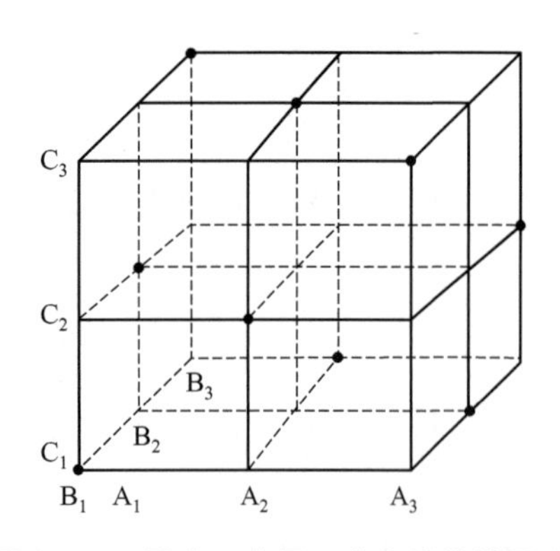

图 1.2 3 因素 3 水平正交实验设计示意

表 1.3 $L_9(3^4)$ 正交实验方案表

实验号＼列号	1 A	2 B	3 C	4
1	1(A_1)	1(B_1)	1(C_1)	1
2	1(A_1)	2(B_2)	2(C_2)	2
3	1(A_1)	3(B_3)	3(C_3)	3
4	2(A_2)	1(B_1)	2(C_2)	3
5	2(A_2)	2(B_2)	3(C_3)	1
6	2(A_2)	3(B_3)	1(C_1)	2
7	3(A_3)	1(B_1)	3(C_3)	2
8	3(A_3)	2(B_2)	1(C_1)	3
9	3(A_3)	3(B_3)	2(C_2)	1

在实验指标、实验因素和水平确定后，正交实验设计按如下步骤进行。

① 列出因素水平表，即以表格的形式列出影响实验指标的主要因素及其对应的水平，所考虑的因素可以是定量的，也可以是定性的。每个因素的水平一般以2～4个水平为宜，水平的间距应根据专业知识和已有的资料来确定。

② 选用正交表。因素水平一定时，选用正交表时应从实验的精度要求、实验工作量及实验数据处理这三方面加以考虑。一般的选用原则是：因素的水平数和正交表的水平数相同，正交表的列数大于或等于所考虑的因素和交互作用的个数。

③ 表头设计。将各因素和交互作用正确地安排在正交表的相应列中。安排因素的顺序是，先排定涉及交互作用多的因素，再安排两者的交互作用列，最后安排不涉及交互作用的因素。交互作用列的位置可根据所选用的正交表的两列间相互作用表来确定。

④ 制定实验安排表。根据表头设计结果，把各因素水平的具体数值填入表中，形成一个具体的实验安排表。

⑤ 进行实验。根据实验安排表进行实验，每一行代表一个实验条件，操作时只考虑因素的具体取值，不必考虑交互作用列和空列的取值。交互作用列和空列仅用于数据处理和结果分析。

⑥ 对实验结果进行分析。有两种分析方法，即极差分析法和方差分析法。通过这两种分析方法可以得到各因素（包括交互作用）对实验指标的影响程度大小、实验指标随各因素取不同水平时的变化趋势、最优操作条件，以及进一步实验方向。

（3）均匀实验设计法

均匀实验设计法是我国数学家方开泰用数论方法，单纯地从数据点分布的均匀性角度出发所提出的一种实验设计法。该方法是利用均匀设计表来安排实验，所需的实验次数要少于正交实验设计法。

均匀设计表名称的表示方法及其意义如下：

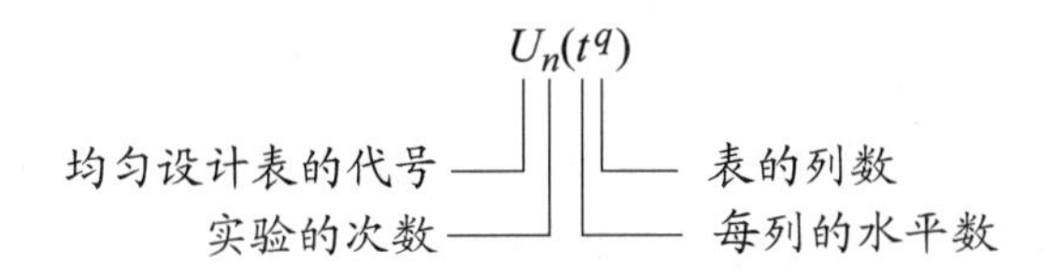

均匀实验设计法的特点是：

① 实验工作量更少，这是均匀实验设计的一个突出的优点。如要考察4个因素的影响，每个因素5个水平，可用表1.4所示的“均匀实验设计表$U_5(5^4)$”来安排实验，只需进行5次实验。实验次数明显减少的主要原因：在表的每一列中，每一个水平必出现且只出现一次。

② 因素安排在均匀实验设计表中的哪一列不是随意的，需根据实验中要考察的实际因素数，依照附在每一个均匀实验设计表后的“使用表”来确定因素应该放在哪几列。

③ 均匀实验设计法不能像正交实验设计法那样，用方差分析法处理数据，而需用回归分析法来处理实验数据。

表 1.4　均匀实验设计表 $U_5(5^4)$

实验号＼列号	1	2	3	4
1	1	2	3	4
2	2	4	1	3
3	3	1	4	2
4	4	3	2	1
5	5	5	5	5

④ 在均匀实验设计中，随着水平数的增加，实验次数只有少量的增加，如水平数从 9 增加到 10 时，实验次数也从 9 增加到 10。这也是均匀实验设计法的一个很大的优点。一般认为，当因素的水平数大于 5 时，就宜选择均匀实验设计法。

1.3　化工原理实验教学要求

（1）实验准备工作

实验前必须认真预习实验教材和化工原理教材有关章节，仔细了解所做实验的目的、要求、方法和基本原理。在全面预习的基础上写出预习报告（内容包括：目的、原理、实验方案及预习中的问题），并准备好实验记录表格。

进入实验室后，要对实验装置的流程、设备结构、测量仪表做细致的了解，并认真思考实验操作步骤、测量内容与测定数据的方法。对实验预期的结果、可能发生的故障和排除方法，做一些初步的分析和估计。

实验开始前，小组成员应进行适当分工，明确要求，以便实验中协调工作。设备启动前要检查、调整设备进入启动状态，然后再送电、送水或蒸汽之类等，启动操作。

（2）实验操作、观察与记录

设备的启动与操作，应按教材说明的程序逐项进行，对压力、流量、电压等变量的调节和控制要缓慢进行，防止剧烈波动。

在实验过程中，应全神贯注地精心操作，要详细观察所发生的各种现象，例如物料的流动状态等，这将有助于对过程的分析和理解。

实验中要认真仔细地测定数据，将数据记录在规定的表格中。对数据要判断其合理性，在实验过程中如遇数据重复性差或规律性差等情况，应分析实验中的问题，找出原因加以解决。必要的重复实验是需要的，任何草率的学习态度都是有害的。

做完实验后，要对数据进行初步检查，查看数据的规律性，有无遗漏或记错，一经发现应及时补正。实验记录应请指导教师检查，同意后再停止实验并将设备恢复到实验前的状态。

实验记录是处理和总结实验结果的依据。实验应按实验内容预先制作记录表格，在实验过程中认真做好实验记录，并在实验中逐渐养成良好的记录习惯。记录应仔细认真，整齐清楚。要注意保存原始记录，以便核对。以下是几点参考意见：

① 对于稳定的操作过程，在改变操作条件后，一定要等待过程达到新的稳定状态再

开始读数记录。对于不稳定的操作过程，从过程开始就应进行读数记录。为此就要在实验开始之前，充分熟悉方法并计划好记录的时刻或位置等。

② 记录数据应是直接读取原始数值，不要经过运算后再记录，例如秒表读数1min38s，就应记为1′38″，不要记为98″。又如U形管压差计两臂液柱高差，应分别读数记录，不应只读取或记录液柱的差值，或只读取一侧液柱的变化乘2。

③ 根据测量仪表的精度，正确读取有效数字。例如1/10℃分度的温度计，读数为22.24℃时，其有效数字为四位，可靠值为三位。读数最后一位是带有读数误差的估计值，尽管带有误差，在测量时还应进行估计。

④ 对待实验记录应取科学态度，不要凭主观臆测修改记录数据，也不要随意舍弃数据。对于可疑数据，除有明显原因，如读错、误记等情况使数据不正常可以舍弃之外，一般应在数据处理时进行检查。数据处理时可以根据已学知识，如热量衡算或物料衡算为根据，或根据误差理论舍弃原则来进行。

⑤ 记录数据应注意书写清楚，字迹工整。记错的数字应划掉重写，避免用涂改的方法，涂改后的数字容易误读或看不清楚。

（3）实验报告

实验结束后，应及时处理数据，按实验要求认真地完成报告的整理编写工作。实验报告是实验工作的总结，编写组织报告也是对学生工作能力的培养，因此要求学生各自独立完成这项工作。

实验报告应包括以下内容：

① 实验题目；

② 实验目的或任务；

③ 实验基本原理；

④ 实验设备及流程（绘制简图），简要操作说明；

⑤ 原始数据记录；

⑥ 数据整理方法及计算示例，实验结果可以用列表、图形曲线或经验公式表示；

⑦ 分析讨论。

实验报告应力求简明，分析清楚，文字书写工整，正确使用标点符号。图表要整齐地放在适当位置，报告要装订成册。

报告中应写出学生姓名、班级、实验日期、同组人和指导教师姓名。

报告应在指定时间交指导教师批阅。

1.4 化工原理实验安全知识

化工原理实验室存在较多的安全风险，如危险品使用、实验操作、高温高压设备使用、废液收集处理等过程均存在危险因素。实验室中不仅有各种具有潜在危险的仪器设备，室内往往相对集中地存放了一定量的危险物品。常年与这些危险仪器设备、危险物品相伴，稍有不慎就有可能引发灼伤、火灾、爆炸、中毒、辐射、电击等各种安全事故。每一个进入实验室的实验人员都必须高度重视实验室的安全问题，牢固树立“安全第一”的思想，尽量减少或避免实验室安全事故的发生。

（1）电器仪表使用安全

注意安全用电极为重要，对电器设备必须采取安全措施，操作者必须严格遵守下列操作规定。

① 进实验室时，必须清楚总电闸、分电闸所在位置，并能够正确开启。

② 使用仪器时，应注意仪表的规格，所用的规格应满足实验的要求（如交流或直流电表、规格等），同时在使用时要注意读数是否有连续性等。

③ 一切仪器应按说明书装接适当的电源，需要接地的一定要接地。

④ 实验时不要随意接触连线处，不得随意拉拖电线、电机；搅拌器转动时，勿使衣服、头发、手等卷入。

⑤ 电器设备维修时应停电作业。

⑥ 对使用高压电、大电流的实验，至少要有 2～3 人进行操作。

⑦ 若电源为三相，则三相电源的中性点要接地，这样一旦触电时可降低接触电压；接三相电动机时要注意正转方向是否符合，否则要切断电源，对调相线。

⑧ 仪器发生故障时应及时切断电源。

⑨ 实验结束后，关闭仪器和总电闸。

（2）气瓶使用安全

为了确保安全，在使用气瓶时，一定要注意以下几点。

① 领用高压气瓶（尤其是可燃、有毒的气体）应先通过感官和其他方式检查有无泄漏，可用皂液（氧气瓶不可用）等方法查漏，若有泄漏不得使用，若使用中发生泄漏，应先关紧阀门，再由专业人员处理。

② 开启或关闭气阀应缓慢进行，以保护稳压阀和仪表，操作者应侧对气体出气口处，在减压阀与钢瓶接口处无泄漏的情况下，应首先打开钢瓶阀，然后调节减压阀。关气时应先关钢瓶阀，放净减压阀中余气，再松开减压阀。

③ 钢瓶内气体不得用尽，一般应保持有 0.05MPa 以上的残余压力，可燃性气体应剩余 0.2～0.3MPa 压力，氢气应保留 2MPa 残余压力，以防重新充气时发生危险。切记不可用完用尽。

④ 搬运或存放钢瓶时，瓶顶稳压阀应带阀保护帽，以防破坏阀嘴。

⑤ 钢瓶放置应稳固，勿使之受震坠地。

⑥ 禁止把钢瓶放在热源附近，应距热源 80cm 以外，钢瓶温度不得超过 50℃。

⑦ 可燃性气体（如氢气、液化石油气等）钢瓶附近严禁明火。

（3）化学药品使用安全

一切药品瓶上都应粘贴标签；使用化学药品后应立即盖好盖子并把药品瓶放回原处；用牛角勺取固体药品或用量筒量取液体药品时，必须擦洗干净。在天平上称量固体药品时，应少取药品，并逐渐加到天平托盘上以免浪费。特别注意腐蚀性、有毒和危险化学药品的使用。

① 强酸对皮肤有腐蚀作用，且会损坏衣物，应特别小心，稀释硫酸时不可把水注入

酸中，只能在搅拌下将浓硫酸缓缓倒入水中。

② 量取浓酸或类似液体时，只能用量筒，不应用移液管量取。

③ 盛酸瓶用完后，应立即用水将酸瓶冲洗干净。

④ 若酸溅到了身体的某个部位，应用大量水冲洗。

⑤ 浓氨水及浓硝酸瓶启盖时应特别小心，最好以布或纸覆盖后再启盖，如在炎热的夏天必须先以冷水冷却。

⑥ 氢氧化钠、氢氧化钾、碳酸钠、碳酸钾等碱性试剂的贮瓶，不可用玻璃塞，只能用橡胶塞或软木塞。

⑦ 大多数有机化合物有毒且易燃、易爆、易挥发，所以要注意实验室的通风。

⑧ 使用有毒的化学药品或在操作中可能产生有毒气体的实验，必须在通风橱内进行。

⑨ 金属汞是一种剧毒的物质，吸入其蒸气会中毒，可溶性的汞化合物会产生严重的急性中毒，故使用汞时不能把汞溅泼。如发现汞洒落应立即收起，不能回收的应立即用硫黄覆盖。

⑩ 易燃和易爆的化学药品应贮存在远离建筑物的地方，贮存室内要备有灭火装置。

⑪ 易燃液体在实验室只能用瓶盛装且不得超过1L，否则就应当用金属容器类盛装；使用时周围不应有明火。

⑫ 蒸馏易燃液体时，最好不要用明火直接加热，装料不得超过2/3，加热不可太快以避免局部过热。

⑬ 易燃物质如酒精、苯、甲苯、乙醚、丙酮等在实验桌上临时使用或暂时放在桌上的，都不能超过500mL，并且应远离电炉和一切热源。

⑭ 在明火附近不得用可燃性热溶剂来清洗仪器，应用没有自燃危险的清洗剂来洗涤，或移到没有明火的地方去洗涤。

⑮ 乙醚在长期保存期间与空气接触或受到光照的作用，会形成过氧化物，而过氧化物受热容易爆炸。因此，乙醚蒸馏前要检测过氧化物，如果含有过氧化物，则需要除去后再蒸馏。

⑯ 避免金属钠和水接触，钠必须存放在无水的煤油中。

（4）机械设备使用安全

由机械设备产生的危险主要是机械危险，在操作过程中要加以注意。

① 卷绕和绞缠　做回转运动的机械部件，常见的为轴类零件，如联轴器、主轴、丝杠等；回转件上的凸物和开口，如手轮的手柄、轴的突出键、螺栓或销、圆轮零件（链轮、齿轮、带轮）的轮辐等，在运动情况下，将人的头发、饰物（如项链）、肥大衣袖或下摆卷缠引起的伤害。

② 挤压、剪切和冲撞　做往复直线运动的零部件，如相向运动的两部件之间、运动件与静止部分之间由于安全距离不够产生的夹紧，直线运动的冲撞等。直线运动有横向运动和垂直运动，横向运动如大型机床的移动工作台、输送带链等；垂直运动如剪切机的压料装置和刀片、压力机的滑块、大型设备的升降台等。

③ 切割、戳扎、擦伤和碰撞　机械设备尖棱、立角、锐边，粗糙表面（如砂轮、毛

坏），机械结构上的凸出、悬挂部分，如设备的支腿、吊杆、手柄等。这些由于形状产生的危险，无论物体是处于运动还是静止的状态，都可能引起伤害。

（5）实验室安全事故处理

在实验操作过程中，总会不可避免地发生危险事故，如火灾、触电、中毒及其他意外事故。为了及时防止事故进一步扩大，在紧急情况下，应立即采取果断有效的措施。

① 割伤　取出伤口中的玻璃碎片或其他固体物，然后抹上红药水并包扎。

② 烫伤　切勿用水冲洗，轻伤涂以烫伤油膏、玉树油、鞣酸油膏或黄色的苦味酸溶液；重伤涂以烫伤油膏后立即去医院治疗。

③ 试剂灼伤　被酸或碱灼伤，应立即用大量水冲洗，然后相应地用饱和碳酸氢钠溶液或2%醋酸溶液洗，最后再用水洗。严重时要消毒，拭干涂以烫伤油膏。

④ 酸或碱溅入眼内　立即用大量水冲洗，然后相应地用1%碳酸氢钠溶液或硼酸溶液冲洗，最后再用水洗。溴水溅入眼内的处理方法相同。

⑤ 吸入刺激性或有毒气体　立即到室外呼吸新鲜空气。如有昏迷休克、虚脱或呼吸机能不全者，可人工呼吸，可给予氧气和浓茶、咖啡等。

⑥ 毒物进入口内　对于强酸或强碱，先饮大量水，然后相应服用氢氧化铝膏、鸡蛋白或醋、酸果汁，再给以牛奶灌注。对于刺激剂及神经性毒物，先给以适量牛奶或鸡蛋白使之立即冲淡缓和，再给以15%～25%硫酸铜溶液内服，再用手指伸入咽喉部促使呕吐，然后立即送往医院。

⑦ 触电　应立即拉下电闸，切断电源，使触电者脱离电源。或戴上橡胶手套穿上胶底鞋或脚踏干燥木板绝缘后将触电者从电源上拉开。将触电者移至适当地方，解开衣服，必要时进行人工呼吸及体外心脏按压，并立即找医生处理。

⑧ 火灾　如一旦发生了火灾，应保持沉着镇静，首先切断电源、熄灭所有加热设备，移出附近的可燃物；关闭通风装置，减少空气流通，防止火势蔓延。同时立即拨打“119”求救。要根据起因和火势选用适当的方法。一般的小火可用湿布、石棉布或沙子覆盖燃烧物，即可熄灭。

火势较大时应根据具体情况采用下列灭火器：

① 四氯化碳灭火器　用于扑灭电器内或电器附近着火，但不能在狭小的、通风不良的室内使用（因为四氯化碳在高温时将生成剧毒的光气）。使用时只需开启开关，四氯化碳即会从喷嘴喷出。

② 二氧化碳灭火器　适用性较广，使用时应注意，一只手提灭火器，另一只手应握在喇叭筒把手上，而不能握在喇叭筒上（否则易被冻伤）。

③ 泡沫灭火器　火势大时使用，非大火通常不用，因事后处理较麻烦。使用时将筒身颠倒即可喷出大量二氧化碳泡沫。

无论使用何种灭火器，皆应从火的四周开始向中心扑灭。若身上的衣服着火，切勿奔跑，赶快脱下衣服；或用厚的外衣包裹使火熄灭；或用石棉布覆盖着火处；或就地卧倒打滚；或打开附近的自来水冲淋使火熄灭。严重者应躺在地上（以免火焰向头部）用防火毯紧紧包住直至火熄灭。烧伤较重者，立即送往医院。若个人力量无法有效阻止事故进一步发生，应该立即拨打“119”报告消防队。

（6）实验室环保操作规范

要注意实验室的环境，按实验室环保操作规范操作。

① 处理废液、废物时，一般要戴上防护眼镜和橡胶手套。有时要穿防毒服装。处理有刺激性和挥发性废液时，要戴上防毒面具在通风橱内进行。

② 接触过有毒物质的器皿、滤纸等要收集后集中处理。

③ 废液应根据物质性质的不同分别集中在废液桶内，贴上标签，以便处理。在集中废液时要注意，有些废液不可以混合，如过氧化物与有机物、盐酸等挥发性酸与不挥发性酸、铵盐及挥发性胺与碱等。

④ 实验室内严禁吃食品，离开实验室要洗手，如面部或身体被污染必须清洗。

⑤ 实验室内采用通风、排毒、隔离等安全环保防范措施。

第2章
实验数据的测量及误差

化学工程学科同其他工程学科一样，除了生产经验之外，实验研究是学科建立和发展的基础。在实验研究过程中需要测量实验数据，并对其进行分析、计算，整理成图表、公式或经验模型。为了保证实验结果的可靠性和准确性，必须正确测量、处理和分析这些数据。

2.1 实验数据的测量

测量是用实验的方法获得被测量量值的过程。按照测量对象和测量结果的关系分类，可将测量分为直接测量或间接测量。直接测量就是用测量量具或测量仪器直接给出被测几何量或物理量的量值过程。如用温度计测量温度、用尺子测量长度等均为直接测量。直接测量是实现物理量测量的基础，在实验过程中应用十分广泛。而通过直接测量和必要的数学运算才能得到被测量量值，这种测量称为间接测量。如平衡常数的测量，需要测量平衡时的温度、压力和组分浓度后，通过计算才能得到。实验需进行大量的数据测定工作，正确测定实验数据直接关系到实验结果的可靠性。

2.1.1 测量参数和实验点的选择

为了保证实验获得正确的结果，在实验过程中，应正确选择需要测量的参数和实验点的适宜分布。实验时应选择测量与研究对象相关的独立变量，如测量实验系统的介质流量、温度、压力及组成。

为了保证实验数据在处理过程中正确地反映各变量间的关系或在标绘成图形时分布合理，应正确选择实验点。通常变量间为线性关系时，实验点可以均匀分布。在对数坐标中呈线性关系的，其对数值为均匀分布，若按其真数设计实验点，则应随其数值增大而加大间隔。对于变量间存在非线性关系的情况，应随实验进程进行观察，当数据变化缓慢时，可加大取点间隔，若变化比较大时，则应减小间隔，以正确反映变化过程中的转折点。

2.1.2 数据的读取

（1）有效数据的读取

实验数据的测量有直接测量和间接测量两种方法。直接测量值的有效数字的位数取决于测量仪器的精度。测量时，一般有效数字的位数可保留到测量仪器的最小刻度后一位，为估计数字。例如温度计的最小分度为1℃时，其有效数字可取至小数点后一位，如20.6℃，最后一位数字为估值，其余数字为准确数，有效数字为三位。通常测量某一参数，可估计到最小分度的十分位。在实验过程中，有些物理量难以直接测量时，可采用间接测量法测量。通过间接测量得到的有效数字的位数和与其相关的直接测量的有效数字有关，其取舍方法服从有效数字的计算规则。

（2）数据读取注意事项

对于稳态实验过程，一定要达到稳态的条件下才可读取数据，否则读取的数据与其他数据不具有真实的对应关系。而对于非稳态过程实验，则应按实验过程规划好读数据的时间，读取同一瞬时值。

在数据读取时，应注意仪表指示的量程、分度单位等，按正确的方法读取数据。通常在一定的条件下要读取两次以上，达到自检的目的。记录实验数据时，应字迹清楚，避免涂改，并注明单位。对所读取的数据运用所学的知识，分析判断其趋势是否正确。若测量数据明显不合理，应分析原因，及时采取措施改正。此外，要根据事先拟定的测量数据表，检查是否漏读数据。

2.1.3 有效数字的计算规则

（1）有效数字的舍入规则

测量的精度是通过有效数字的位数来表示的，有效数字的位数是除定位用的“0”以外的其余数位，用来指示小数点位数或定位的“0”则不是有效数字。如表示为10g和10.00g，前者的有效数字是2位，后者的有效数字为4位，而0.050g尽管有4位数字，但有效数字是2位。采用科学记数法表示数字时，先将有效数字写出，在第一个有效数字后面加上小数点，并用10的整数幂来表示数值的数量级。例如981000的有效数字为4位，可写成9.810×10^5，若只有3位有效数字，就可以写成9.81×10^5。

在数字计算过程中，确定有效数字位数后，通常将末尾有效数字后边的第一位数字采用四舍五入的计算规则。如有效数字为3位，则15.34取为15.3，15.37取为15.4。若在一些精度要求较高的场合，则要采取“四舍六入，遇五则偶舍奇入”，即：①末尾有效数字后的第一位数字若小于5，则舍去；②末尾有效数字后的第一位数字若大于5，则将末尾有效数字加上1；③末尾有效数字后的第一位数字若等于5，则由末尾有效数字的奇偶而定，当其为偶数或0时，则不变；当其为奇数时，则加上1。如有效数字为3位，则25.45取为25.4，25.55取为25.6。

（2）有效数字的运算规则

在数据计算过程中，所得数据的位数会超过有效数字的位数，此时需要将多余的位数舍去，其运算规则如下。

① 在加减法运算中，各数所保留的小数点后的位数，与各数中小数点后的位数最少的相一致。如将13.65、0.0082、1.632三个数相加，应写成$13.65+0.01+1.63=15.29$。

② 在乘除法运算中，各数所保留的位数以原来各数中有效数字位数最少的那个数为准，所得结果的有效数字位数也应与原来各数中位数最少的那个数相同。如将0.0121、25.6、1.05782三个数相乘，应写成$0.0121\times25.6\times1.06=0.328$。

③ 在对数计算中，所取对数位数与真数有效数字相同，如$\lg55.0=1.74$。

2.2 实验数据的误差

由于实验方法和实验设备的不完善、周围环境的影响以及测量仪表和人的观察等因素，实验测得的数据和被测量的真值之间不可避免地存在着差异，这种差异称为测量误差。

误差的大小表示每一次的测量值相对真值的不符合的程度。真值是一个理想的概念，也叫理论值或定义值，是指某物理量客观存在的实际值，是无法测量得到的。在分析实验测定误差时，一般用如下数值替代真值。

① 理论真值　这一类数值是可以通过理论证实而知的值。如计量学中经国际计量大会决议的值，或一些理论公式表达值等。例如，平面三角形的内角和为180°。

② 相对真值　在某些过程中，也可使用高精度级标准仪器的测量值代替普通测量仪器的测量值的真值，称为相对真值。例如用高精度的涡轮流量计测量的流量相对于普通流量计测量的流量而言是真值；又如用高精度铂电阻温度计测量的温度值相对于普通温度计测量的温度而言是真值。

③ 平均值　若对某一物理量经过无限多次的测量，其出现误差有正有负，根据误差分布规律，正负误差出现的概率相等，故将各个测量值相加，并加以平均，在无系统误差的情况下，可能获得近似于真值的数值。然而，由于测量的次数有限，所得的平均值只能近似于真值。在化工领域中常用的平均值有算术平均值、均方根平均值、几何平均值和对数平均值等。

a. 算术平均值　算术平均值是一种最常用的平均值，若测量值的分布为正态分布，用最小二乘法原理可以证明，在一组等精度测量中，算术平均值为最可信赖值。其表达式为

$$x_{\mathrm{m}}=\frac{x_1+x_2+\cdots+x_n}{n}=\frac{\sum_{i=1}^{n}x_i}{n} \tag{2.1}$$

b. 均方根平均值　均方根平均值的表达式为

$$x_{\mathrm{s}}=\sqrt{\frac{x_1^2+x_2^2+\cdots+x_n^2}{n}}=\sqrt{\frac{\sum_{i=1}^{n}x_i^2}{n}} \tag{2.2}$$

c. 几何平均值　几何平均值的表达式为

$$x_{\mathrm{c}}=\sqrt[n]{x_1\cdot x_2\cdot\cdots\cdot x_n}=\sqrt[n]{\prod x_i} \tag{2.3}$$

d. 对数平均值　对数平均值常用于化工领域中热量与能量传递时，其表达式为

$$x_{\mathrm{L}}=\frac{x_1-x_2}{\ln\dfrac{x_1}{x_2}} \tag{2.4}$$

以上各式中，$x_1,x_2,\cdots,x_n$ 表示测量值，n 表示测量次数。采用哪种方法计算平均值取决于一组测量值的分布类型。一般情况下，用算术平均值比较普遍。

测量误差的存在是必然的，想要绝对地避免测量误差的产生是不可能的。要客观、科

学地评定某一测量结果的误差，需要了解、掌握实验过程中误差产生的原因和规律，确定产生实验误差的主要因素，进而尽可能地减少或消除产生误差的来源。

2.2.1　误差的表示方法

（1）绝对误差和相对误差

测量值（x）与该物理量的真值（A）之间的差异，称为测量误差，即

$$测量误差=测量值-真值 \tag{2.5}$$

由式(2.5) 可见，测量误差的值可正可负，它的大小和符号取决于测量值的大小。因此，通常以测量误差的绝对值来表示误差的大小，称为绝对误差，记为 Δx，简称误差，可表示为

$$\Delta x=|x-A| \tag{2.6}$$

在工程计算中，真值常用测量值的平均值（$\bar{x}$）或相对真值代替，则式(2.6) 可写为

$$\Delta x=|x-\bar{x}| \tag{2.7}$$

绝对误差的大小表明测量的精确度，绝对误差越大，则测量的精确度越低。因此，要提高测量的精确度，就必须从各方面寻找有效措施来减少测量误差。但绝对误差只能用以判断对同一尺寸的量的测量精确度，如果对不同尺寸的量进行测量，它还不能给出测量准确与否的完整概念。有时测量得到相同的绝对误差，但测量的精确度完全不同。例如，对同样是 1mm 的绝对误差，测量 1m 的工件时，就比测量 1cm 的工件时精确度高。为此，引入相对误差的概念。

绝对误差与真值的比值，称为相对误差，即

$$相对误差=绝对误差/真值 \tag{2.8}$$

当绝对误差很小时，测量值接近于真值，则有

$$相对误差=绝对误差/测量值 \tag{2.9}$$

绝对误差是一个有量纲的值，相对误差是无量纲的真分数。通常除了某些理论分析外，用测量值计算相对误差较适宜，在化工实验中，相对误差常常表示为百分数。

（2）算术平均误差和标准误差

在化工领域中，常用算术平均误差和标准误差来表示测量数据的误差。算术平均误差的定义为

$$\delta=\frac{\sum_{i=1}^{n}|x_i-x_{\mathrm{m}}|}{n} \tag{2.10}$$

式中，x_i 为测量值；n 为测量次数；x_{m} 为 n 次测量值的算术平均值。

标准误差记为 σ，简称标准差，或称为均方根误差，在有限测量次数时，标准误差表示为

$$\sigma=\sqrt{\frac{\sum_{i=1}^{n}(x_i-x_{\mathrm{m}})^2}{n-1}} \tag{2.11}$$

式(2.11) 中各符号意义同式(2.10)。标准误差 σ 的大小说明在一定条件下等精度测量数据中每个测量值对其算术平均值的分散程度。

在工程和科研中，n 次测量值的重复性越差，n 次测量值的离散程度和随机误差越大，则 δ 和 σ 的值越大。因此，算术平均误差 δ 和标准误差 σ 均可用来衡量 n 次测量值的重复性、离散程度和随机误差。两者的值越大，说明 n 次测量值的重复性越差、离散程度越大、随机误差越大。但算术平均误差的缺点是无法表示出各次测量值之间彼此符合的程度，而标准误差对一组测量值中的较大或较小偏差很敏感，能较好地表明数据的离散程度。

2.2.2 误差的分类

根据误差的性质和产生的原因，可将误差分为系统误差、随机误差和过失误差。

（1）系统误差

系统误差是指在一定条件下对同一物理量进行多次测量时，误差的数值保持恒定，或按照某种已知函数规律变化。例如，标准件的名义尺寸和实际尺寸之差，以及由环境温度变化引起的测量误差等。系统误差的主要来源有测量仪器的精度不能满足要求或仪器存在零点偏差等，由近似的测量方法测量或利用简化的计算公式进行计算，温度、湿度、压力等外界因素，以及测量人员的习惯对测量过程引起的误差等。

设一系列测量值 $l_i(i=1,2,\cdots,n)$ 中存在系统误差 Δ_0，又假设 $x_i(i=1,2,\cdots,n)$ 为无系统误差时的测量值，则

$$l_i=x_i+\Delta_0 \tag{2.12}$$

平均值
$$\bar{l}=\frac{1}{n}\sum_{i=1}^{n}l_i=\frac{1}{n}\sum_{i=1}^{n}(x_i+\Delta_0)=\frac{1}{n}\sum_{i=1}^{n}x_i+\Delta_0=\bar{x}+\Delta_0 \tag{2.13}$$

式(2.13) 表明测量值 l_i 的平均值中包含系统误差。而对于残差（测量值与平均值的差），则

$$v_i=l_i-\bar{l}=(x_i+\Delta_0)-(\bar{x}+\Delta_0)=x_i-\bar{x}\qquad(i=1,2,\cdots,n) \tag{2.14}$$

式(2.14) 表明系统误差对残差没有影响。可见，系统误差在计算测量值的平均值时是不能消除的，但在残差的计算中可以消除。所以系统误差对平均值有影响，对均方根误差没有影响。在测量时，应尽力消除系统误差的影响。对于难以消除的系统误差，应设法确定或估计其大小，从测量结果中予以消除。发现系统误差的基本做法是，采用更精确的方法和仪器对所测量的量进行测量，如果两者的差值在测试误差极限 $\Delta_{\lim}=\pm3\sigma$ 范围内，则表明测试系统无明显的系统误差。否则，应从测量值的平均值中扣除系统误差，即 $\bar{x}=\bar{l}-\Delta_0$。

（2）随机误差

随机误差又称偶然误差，是由一些测量中的随机性因素造成的。随机误差出现的大小和正负都不能准确地加以预测，因此不能将它从测量结果中消除或校正。虽然随机误差对某一次测量而言，出现的大小和正负没有规律性，但长期的实践发现，如果在相同测量条件下进行多次重复测量，随机误差服从统计规律。因此通常可用概率论和统计方法对随机误差进行处理，从而控制并减少它对测量结果的影响。

大量的测量数据分析表明，随机误差的分布服从正态规律，其误差函数 $f(x)$ 表达式为

$$y=f(x)=\frac{1}{\sigma\sqrt{2\pi}}e^{-\frac{x^2}{2\sigma^2}} \tag{2.15}$$

式中，x 为实测值与真值之差；σ 为均方根误差。式(2.15) 称为高斯误差分布规律，其分布曲线如图 2.1 所示。图中横坐标 x 为随机误差，纵坐标 y 为各误差出现的概率，曲线为一对称形曲线。

由式(2.15) 可见，数据的均方根误差 σ 越小，e 指数的绝对值就越大，y 减小得就越快，曲线下降得越快，而在 $x=0$ 处的 y 值也就越大。反之，σ 越大，曲线下降得越慢，在 $x=0$ 处的 y 值也就越小，如图 2.2 所示。

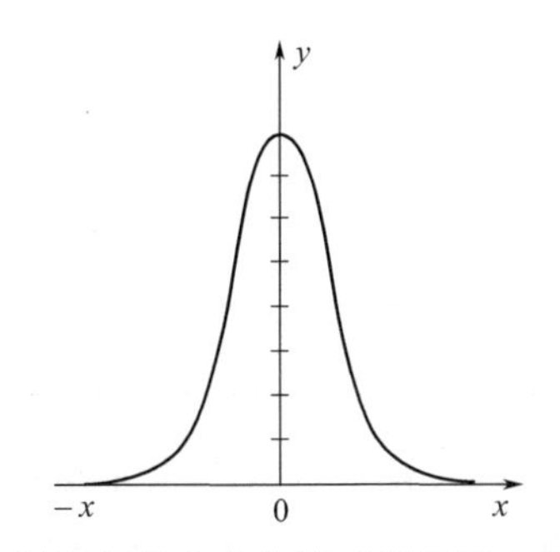

图 2.1　随机误差分布曲线（高斯正态分布曲线）

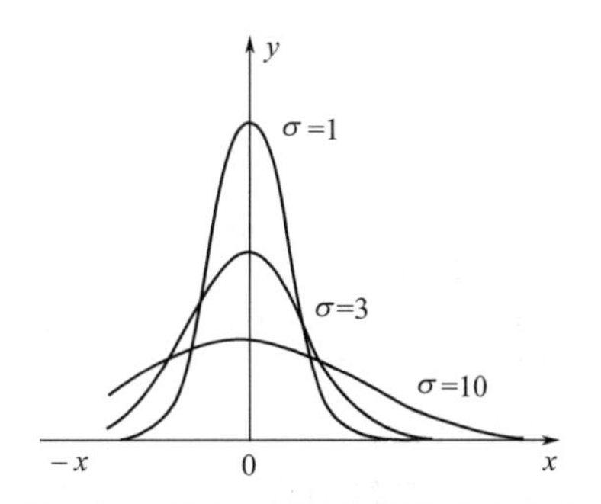

图 2.2　不同 σ 值时的误差分布曲线

从图 2.2 可见，σ 越小，小的随机误差出现的次数就越多，测量的精度也就越高。当 σ 越大，就会更多地出现大的随机误差，测量的精度差。因而实验数据的均方根误差能够表达出测定数据的精确度。

（3）过失误差

过失误差是由测量过程中的疏忽大意造成的，如读数错误、记录错误、计算错误等。过失误差的数值比较大，它对测量结果有明显的歪曲。含有过失误差的测量值被称为坏值，显然所有的坏值在数据整理时必须剔除。其基本方法是如果某一测量值 x_i 与平均值 $\bar{x}$ 的残差 $|x_i-\bar{x}|>3\sigma$，则该测量值为坏值，应予以排除。

由概率积分可知，随机误差正态分布曲线下的全部面积，相当于全部误差同时出现的概率，即

$$P=\frac{1}{\sigma\sqrt{2\pi}}\int_{-\infty}^{+\infty}\mathrm{e}^{\frac{-x^2}{2\sigma^2}}\mathrm{d}x=1 \tag{2.16}$$

若随机误差在 $-\sigma \sim +\sigma$ 范围内，概率则为

$$P=(|x|<\sigma)=\frac{1}{\sigma\sqrt{2\pi}}\int_{-\sigma}^{+\sigma}\mathrm{e}^{\frac{-x^2}{2\sigma^2}}\mathrm{d}x=\frac{1}{\sigma\sqrt{2\pi}}\int_{0}^{\sigma}\mathrm{e}^{\frac{-x^2}{2\sigma^2}}\mathrm{d}x \tag{2.17}$$

令 $t=\dfrac{x}{\sigma}$，则有

$$P=(|x|<\sigma)=\frac{2}{\sqrt{2\pi}}\int_{0}^{t}\mathrm{e}^{\frac{-t^2}{2}}\mathrm{d}t \tag{2.18}$$

若令

$$\varphi(t)=\frac{1}{\sqrt{2\pi}}\int_{0}^{t}\mathrm{e}^{\frac{-t^2}{2}}\mathrm{d}t \tag{2.19}$$

则

$$P=(|x|<\sigma)=2\varphi(t) \tag{2.20}$$

即误差在$\pm t\sigma$的范围内出现的概率为$2\varphi(t)$，而超出这个范围的概率为$1-2\varphi(t)$。$\varphi(t)$称为概率函数，$\varphi(t)$与t的对应值在数学手册或专著中均有此类积分表，表2.1给出几个典型的t值及其相应的超出或不超出$|x|$的概率。

表2.1　t值及其相应的概率

t	$\lvert x\rvert=t\sigma$	不超出$\lvert x\rvert$的概率$2\varphi(t)$	超出$\lvert x\rvert$的概率$1-2\varphi(t)$	测量次数n	超出$\lvert x\rvert$的测量次数n'
0.67	0.67σ	0.4972	0.5028	2	1
1	1σ	0.6826	0.3174	3	1
2	2σ	0.9544	0.0456	22	1
3	3σ	0.9973	0.0027	370	1
4	4σ	0.9999	0.0001	15626	1

由表2.1可知，当$t=3$，$|x|=3\sigma$时，在370次测量中只有一次绝对误差超出3σ范围。由于在一般测量中其次数不过几次或几十次，因而可以认为$|x|>3\sigma$的误差是不会发生的。通常把这个误差称为单次测量的极限误差，也称为3σ原则。由此，$|x|>3\sigma$的误差已不属于随机误差，这可能是由于过失误差或实验条件变化未被发觉，所以这样的数据点经分析和误差计算以后应舍弃。

2.2.3 间接测量量的误差估算

如前所述，间接测量量是由直接测量量通过确定的函数关系算出来的，前面讨论了直接测量量的误差计算，这些误差必然会传递到间接测量量中，故间接测量量也必然存在误差。

设间接测量量y是直接测量量$x_1, x_2, \cdots, x_n$的函数，记为

$$y=f(x_1, x_2, \cdots, x_n) \tag{2.21}$$

对式(2.21)求全微分

$$\mathrm{d}y=\frac{\partial f}{\partial x_1}\mathrm{d}x_1+\frac{\partial f}{\partial x_2}\mathrm{d}x_2+\cdots+\frac{\partial f}{\partial x_n}\mathrm{d}x_n \tag{2.22}$$

将上式改为误差公式时，式中的$\mathrm{d}y, \mathrm{d}x_1, \mathrm{d}x_2, \cdots, \mathrm{d}x_n$均用$\Delta y, \Delta x_1, \Delta x_2, \cdots, \Delta x_n$代替，即得到绝对误差公式

$$\Delta y=\frac{\partial f}{\partial x_1}\Delta x_1+\frac{\partial f}{\partial x_2}\Delta x_2+\cdots+\frac{\partial f}{\partial x_n}\Delta x_n \tag{2.23}$$

或

$$\Delta y=\sum_{i=1}^{n}\frac{\partial f}{\partial x_i}\Delta x_i \tag{2.24}$$

式(2.23)和式(2.24)为误差的传递公式，其中，$\frac{\partial f}{\partial x_i}$为误差传递函数；$\Delta x_i$为直接测量量的误差；$\Delta y$为间接测量量的误差或称函数误差。

式(2.23)表明，一个直接测量量的误差对间接测量量的误差的影响，不仅取决于误

差本身，还取决于误差传递函数。常见函数的误差传递计算公式见二维码。在实际应用中，常采用最大误差来估算间接测量量的误差。间接测量量的最大绝对（极限）误差为

$$\Delta y=\sum_{i=1}^{n}\left|\frac{\partial f}{\partial x_i}\Delta x_i\right| \tag{2.25}$$

相对误差为

$$\frac{\Delta y}{y}=\sum_{i=1}^{n}\left|\frac{\partial f}{\partial x_i}\times\frac{\Delta x_i}{y}\right| \tag{2.26}$$

当各个直接测量量 x_i 对 y 的影响是相互独立时，如果每一总量 x_i 均进行了 n 次检验，设相应的各个直接测量量的标准误差为 σ_i，那么间接测量量 y 的标准误差为

$$\sigma_y=\sqrt{\sum_{i=1}^{n}\left(\frac{\partial f}{\partial x_i}\right)^2\sigma_i^2} \tag{2.27}$$

扫码获取

常见函数的误差传递计算公式

第3章 实验数据的处理

实验数据处理，就是将实验测得的一系列数据，经过计算整理后，用最适宜的方式表示出来。在化工原理实验中，常用列表法、图示法和方程式表示法三种形式表示。

3.1 实验数据的列表法

将实验数据按自变量与因变量的关系，以一定顺序列出数据表，即为列表法。列表法有许多优点，如简单易作、数据易比较、形式紧凑、同一表格内可以表示几个变量间关系等。

实验数据列表可分为记录表和综合结果表两类。记录表是实验记录和实验数据初步整理的表格。表中数据可分为三类：原始数据、中间结果数据和最终结果数据。它是一种专门的表格，根据实验内容设计。例如流体阻力实验，原始数据需要记录流量、直管阻力测量时压差计的读数，中间结果计算流速、压降，最终计算流体的雷诺数 Re 和摩擦系数 λ 值等。实验综合结果表只反映变量之间的关系，表达实验最终结果。该表简明扼要，只包括研究变量的关系，如表达不同 ε/d 条件下 λ 与 Re 的关系。

在拟制实验数据表时，应注意以下问题：

① 表格设计要力求简捷，一目了然，便于阅读和使用。记录、计算项目满足实验要求。

② 表头应列出变量的名称、符号、单位。同时要层次清楚、顺序合理。

③ 记录数字应注意有效数字位数，要与测量仪表的精度相匹配。

④ 数字较大或较小时应采用科学记数法表示，阶数部分即 $10^{\pm n}$ 记录在表头。

用列表法表示实验数据，其变化规律和趋势不明显，不能满足进一步分析研究的需要。如用于计算机计算还需进一步处理，但列表法是图示法和方程式表示法的基础。

3.2 实验数据的图示法

用图形表示实验结果，可以明显地看出数据变化的规律和趋势，有利于分析讨论问题。利用图形表示还可以帮助选择函数的形式，是工程上常用的方法。作图过程应遵循一些基本要求，否则达不到预期结果。如对同一组数据选择不同坐标系，则可得到不同的图形。若选择不适宜会导致错误结论。为保证图示法获得的曲线能正确地表示实验数据变量之间的关系，在图形标绘上应注意以下问题。

（1）坐标系的选择

对同一组实验数据，应根据经验判断该实验结果应具有的函数形式，或由因变量与自变量变化规律及幅度的大小，选择适宜的坐标系。在适宜坐标系中可获得更简明、规律性更好的曲线。常用坐标系有三种：普通直角坐标（笛卡儿坐标）、单对数坐标和双对数坐标。但本质上还都是直角坐标，仅是其分度方法不同。坐标选择可依以下两点原则。

① 根据数据间的函数关系选择坐标　例如符合线性方程 $y=a+bx$ 关系的数据，选普通直角坐标标绘可获得一条直线；符合 $y=ax^n$ 关系的数据，选普通直角坐标标绘是一条曲线。若选取双对数坐标标绘则可获得一条直线。由于直线的作用、处理都比较方便，所以总希望所选用的坐标能使数据标绘后得到直线形式。对于指数函数，如 $y=a^x$ 或 $b^y=ax$，则可选用单对数坐标，亦可获得直线关系。

② 根据数据变化的大小选择坐标　如果实验数据的两个变量，两者变化幅度较小，则应选择普通直角坐标。若数量级变化很大，一般选用双对数坐标来表示。如果实验数据的两个变量，其中一个变量的数量级变化很大，而另一个变化较小，一般使用单对数坐标表示。例如管内流体摩擦系数 λ 与 Re 的关系，由于 λ 的变化区间为 0.008～0.1，Re 为 10^2～10^8，两个变量的数量级变化都很大，所以用双对数坐标表示。又如流量计实验测得孔流系数 C_0 和 Re 的一组数据变化见表 3.1。

表 3.1　孔板流量计实验结果

C_0	0.660	0.652	0.635	0.550	0.550	0.550
Re	5×10^3	1×10^4	5×10^4	1×10^5	5×10^5	1×10^6

C_0 变化甚小，Re 变化较大，所以选用单对数坐标表示比较合适。

（2）坐标纸的使用

① 标绘实验数据，应选适当大小的坐标纸，使其与图形适宜匹配并能正确表示实验数据的大小和范围。

② 依使用的习惯，自变量取横轴，因变量取纵轴；按使用要求注明各轴代表的物理量和单位。

③ 根据标绘数据的大小，对坐标轴进行分度。一般分度原则是，分度的最小刻度应与实验数据的有效数字保持一致。同时在刻度线上加注便于阅读的数字。

④ 坐标原点的选择。在一般情况下，直角坐标原点不一定选为 0 点，应视标绘数据的范围而定，其原点应移至较数据中最小者稍小数的位置为宜。而对数坐标，坐标轴刻度是按 1,2,…,10 的对数值大小划分的，每刻度仍标记真数值。当用坐标表示不同大小的数据时，其分度要遵循对数坐标规律，只可将各值乘以 10^n 倍（n 取正、负整数），而不能任意划分。因此，坐标轴的原点只能取对数坐标轴上规定的值作原点，而不能任意确定。

⑤ 坐标轴的比例关系。坐标轴的比例关系是指横轴和纵轴每刻度表示的长度的比例关系。一般来说，正确地选用坐标轴比例关系，有助于正确判断两个量之间的函数关系。例如标绘层流摩擦系数关系式 $\lambda=64/Re$，以 λ 对 Re 作图，在等比轴双对数坐标纸上是一条斜率为 -1 的直线，容易看出 λ 与 Re 指数关系为负一次方。若用不等比轴双对数坐标纸标绘，亦绘得一条直线，但斜率不一定为 -1，不易看出 λ 与 Re 的函数关系。一般市售常用的坐标纸均为等比轴的对数坐标纸，不等比轴的坐标纸在教材上也可见。

（3）实验数据的标绘

将实验结果数据依次逐个标绘于选定的坐标中，获得大量的离散点，通过这些离散点绘制一光滑曲线，该曲线应穿过实验点密集区，使实验点尽可能接近该曲线，且均匀地分布于曲线的两侧。对于个别偏离曲线较远的点，应加以剔除，如图 3.1 所示。值得强调的是，若要绘制曲线，其实验点不能过少。对于多条曲线绘于同一坐标时，各曲线的实验点应以不同符号加以区别，如图 3.2 所示。由此可见，不同实验点所得曲线特征一目了然，也可由此选定实验数据函数关系的表达形式，以便进行函数关系式的回归。

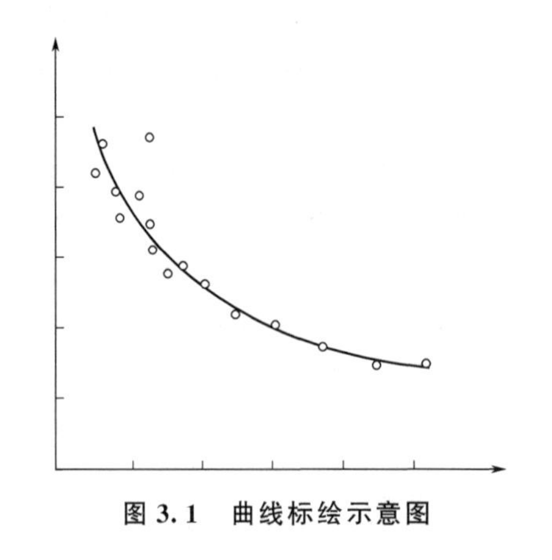

图 3.1　曲线标绘示意图

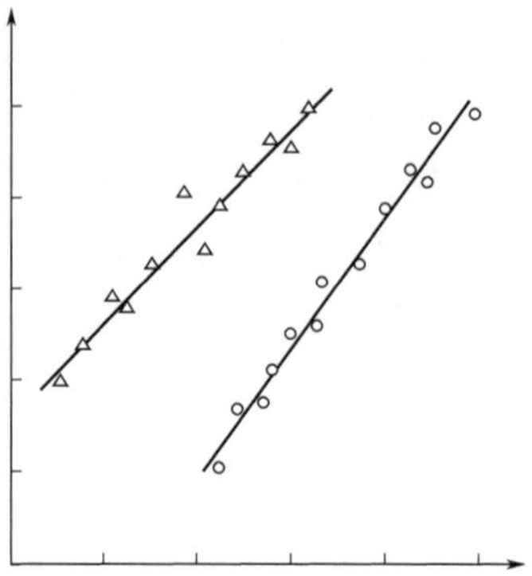

图 3.2　多组实验标绘示意图

3.3　实验数据的方程式表示法

以上介绍了采用列表、图示形式处理实验数据的方法，反映了其变量与自变量间的对应关系，为工程应用提供了一定方便。但图示法由离散点绘制曲线时还存在一定随意性，而列表法尚不能连续表达其对应关系，若用于计算机还会带来更多的不便。而将实验数据结果表示为数学方程或经验公式的形式，可以避免上述不便，更易用于理论分析和研究，也便于积分和求导。下面介绍实验数据方程式表示法。

将实验数据结果表示成方程形式的处理方法，首先应针对数据相互关系的特点选择一适宜函数的形式，然后用图解或数值方法确定函数式中的各种常数，该式是否能准确地反映实验数据存在的关系，最后还应通过检验加以确认，所得的函数表达式才能使用。

（1）数学方程式的选择

一般来说，实验数据处理用方程式表示时有两种情况。一种是对研究问题有深入的了解，如流体力学和传热过程，通过量纲分析得到物理量之间的关系，即可写出量纲为 1 数群之间的关系，具体方程中的常数和系数是通过实验确定的。另一种是对实验数据的函数形式未知，为了用方程表示，通常是将实验数据绘成图形，参考一些已知数学函数的图形，选择一种适宜的函数。选择的原则是，既要求形式简单、所含常数较少，同时也希望能准确地表达实验数据之间的关系，这两者常常是相互矛盾的。在实际工作中，通常首先要保证其必要的准确度，牺牲其简单形式。在保证必要准确度的前提下，尽可能选择简单的线性关系形式。以下是几种典型函数形式及其图形，供选用参考（在直角坐标中）。

① 线性函数

$$y=a+bx \tag{3.1}$$

② 幂函数（图 3.3）

$$y=ax^{b} \qquad (a>0) \tag{3.2}$$

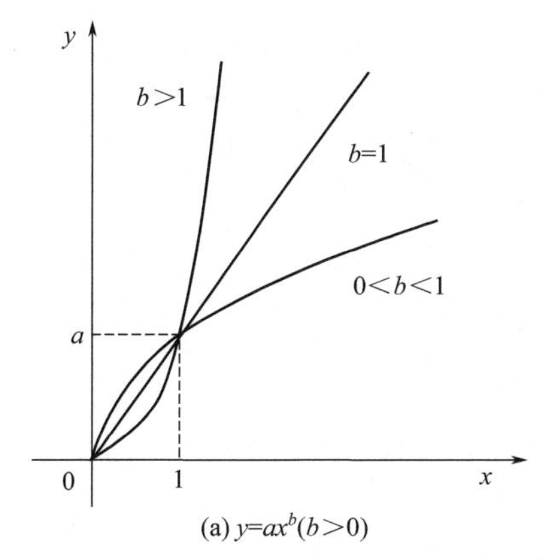

(a) $y=ax^b(b>0)$

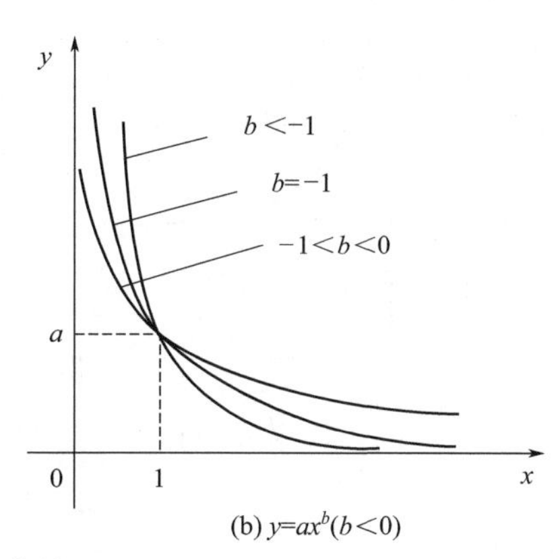

(b) $y=ax^b(b<0)$

图 3.3 幂函数曲线

该函数通过线性化处理，转换为线性关系

$$\lg y=\lg a+b\lg x$$

令 $y'=\lg y, x'=\lg x, A=\lg a, B=b$，得

$$y'=A+Bx'$$

③ 指数函数（图 3.4）

$$y=a\mathrm{e}^{bx} \qquad (a>0) \tag{3.3}$$

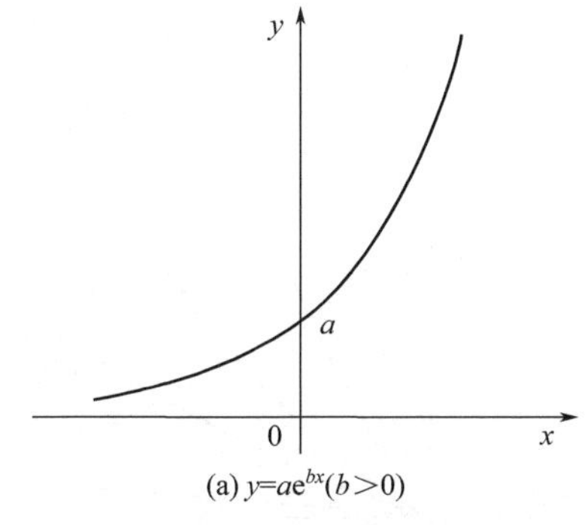

(a) $y=a\mathrm{e}^{bx}(b>0)$

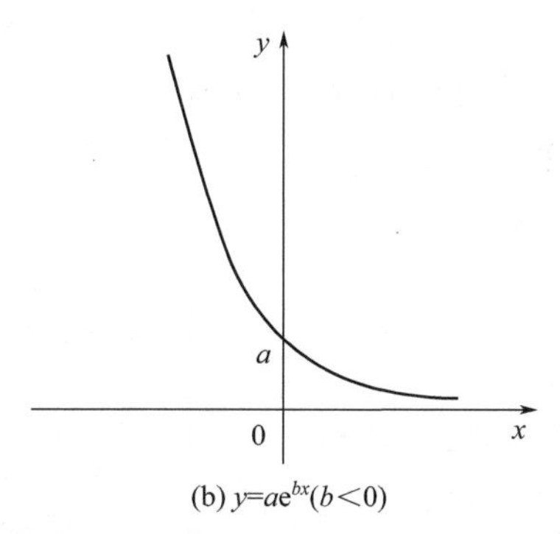

(b) $y=a\mathrm{e}^{bx}(b<0)$

图 3.4 指数函数曲线

该函数通过线性处理，可转换为线性关系

$$\lg y=\lg a+(b\lg \mathrm{e})x$$

令 $y'=\lg y, A=\lg a, B=b\lg \mathrm{e}$，得

$$y'=A+Bx$$

④ 双曲线函数（图 3.5）

$$\frac{1}{y}=a+\frac{b}{x} \tag{3.4}$$

该函数也可转换为线性函数关系，令 $y'=\frac{1}{y},x'=\frac{1}{x}$，得

$$y'=a+bx'$$

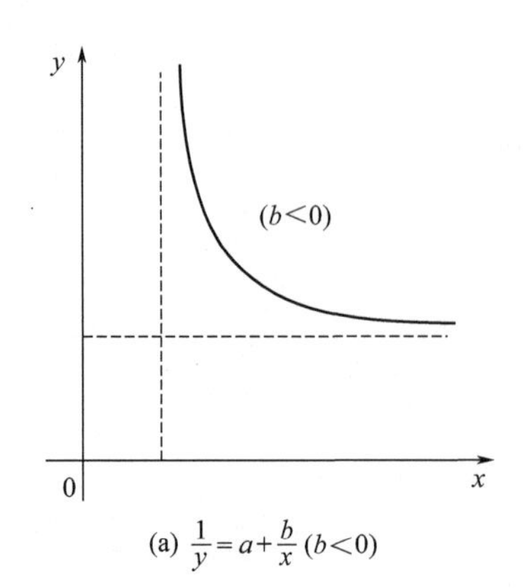

(a) $\frac{1}{y}=a+\frac{b}{x}\,(b<0)$

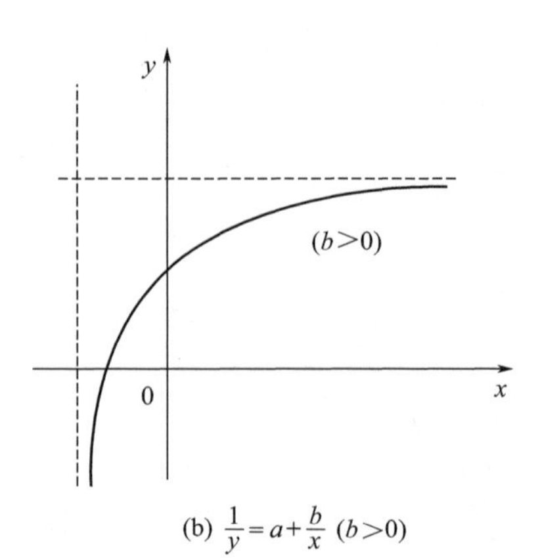

(b) $\frac{1}{y}=a+\frac{b}{x}\,(b>0)$

图 3.5 双曲线函数曲线

⑤ $y=a\mathrm{e}^{\frac{b}{x}}$ 函数（图 3.6）

$$y=a\mathrm{e}^{\frac{b}{x}} \tag{3.5}$$

将函数 $y=a\mathrm{e}^{\frac{b}{x}}$ 两边取对数即得

$$\lg y=\lg a+(b\lg \mathrm{e})\frac{1}{x}$$

令 $y'=\lg y,x'=\frac{1}{x},A=\lg a,B=b\lg \mathrm{e}$，得

$$y'=A+Bx'$$

⑥ 含三参数的函数（图 3.7）

$$y=a\mathrm{e}^{bx}+c \tag{3.6}$$

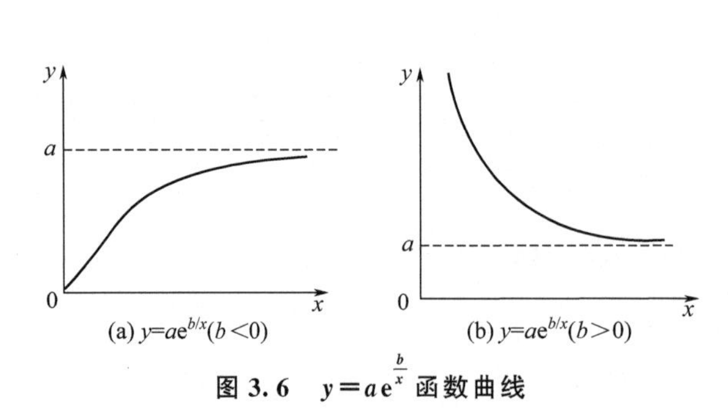

图 3.6 $y=a\mathrm{e}^{\frac{b}{x}}$ 函数曲线

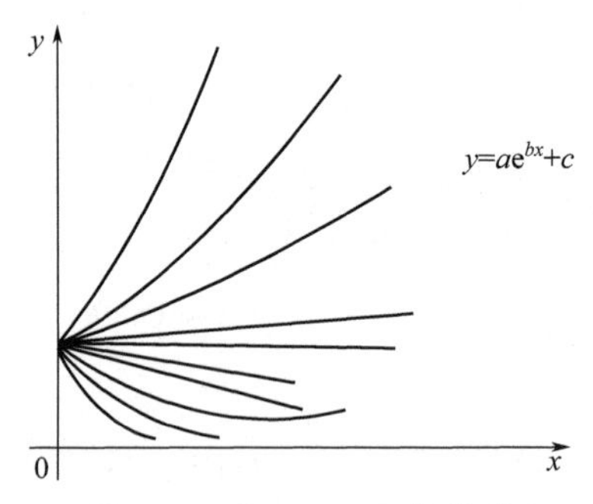

图 3.7 式(3.6) 函数曲线

由曲线上任取三点：(x_1,y_1)，(x_2,y_2)，$\left[x_3\left(=\frac{x_1+x_2}{2}\right),\ y_3\right]$，分别代入原式获得三个方程，并联立求解得

$$c=\frac{y_1y_2-y_3}{y_1+y_2-2y_3}$$

将原方程改写为
$$y-c=a\mathrm{e}^{bx}$$
$$\lg(y-c)=\lg a+(b\lg \mathrm{e})x$$
令 $y'=\lg(y-c)$，$A=\lg a$，$B=b\lg\mathrm{e}$，得
$$y'=A+Bx$$

函数形式多种多样，在此不能一一列举。从以上列举函数形式可见，只要经过适当转换，均可化为线性关系，使数据处理工作得到简化。

在化工原理实验教学中亦有类似情况。例如，流体在圆形直管内作强制湍流实验研究，其传热过程的 Nu 与 Re 及 Pr 之间的关系，可选择幂函数形式
$$Nu=BRe^{m}Pr^{n} \tag{3.7}$$

然后通过大量的实验数据，确定方程式中各常数：$B=0.023$，$m=0.8$，$n=0.3$ 或 0.4。于是得到目前运用最广泛的对流传热公式
$$Nu=0.023Re^{0.8}Pr^{n}\quad (n=0.3 \text{或} 0.4) \tag{3.8}$$

当待处理的实验数据所具有函数形式选定之后，则可运用以下图解法以及一些数值方法确定函数式中的各常数。

（2）图解法

图解法仅限于具有线性关系或能通过转换成为线性关系的函数式常数的求解。是简单易行、容易掌握、准确度较好的方法。首先选定坐标系，将实验数据在图上标绘描线，在图中直线上选取适当点的数据，求解直线截距和斜率，进而确定线性方程的各常数。

① 一元线性方程的图解　设一组实验数据变量间存在线性关系
$$y=a+bx \tag{3.9}$$
通过图解确定方程中截距 a 和斜率 b 的大小，如图 3.8 所示。

在图中选取适宜距离的两点 $a_1(x_1,y_1)$ 和 $a_2(x_2,y_2)$，直线的斜率为
$$b=\frac{y_2-y_1}{x_2-x_1} \tag{3.10}$$

直线的截距，若 x 坐标轴的原点为 0，可以在 y 轴上直接读取值（因为 $x=0$，$y=a$）。否则，由下式计算
$$a=\frac{y_1x_2-y_2x_1}{x_2-x_1} \tag{3.11}$$

以上式中 $a_1(x_1,y_1)$ 和 $a_2(x_2,y_2)$ 是从直线上选取的任意两点值。为了获得最大准确度，尽可能选取直线上具有整数值的点，a_1、a_2 两点距离以大为宜。为了减少读数误差，也可多取几组数据计算，最后取平均值。下面以过滤实验数据处理为例，说明直线图解法的应用。

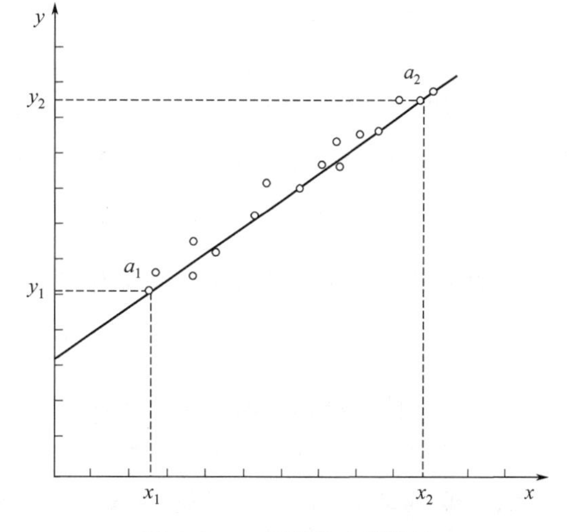

图 3.8　一元线性方程图解

【例 3.1】 某一恒定压力下，对某种滤浆进行过滤，实验测定得到表 3.2 中所列数据，试求过滤常数 K、q_e 和 τ_e。

根据恒压过滤原理及实验要求，可推导出如下形式的方程（详见过滤实验部分内容）。

$$\frac{\Delta\tau}{\Delta q}=\frac{2}{K}q_e+\frac{2}{K}\bar{q} \tag{3.12}$$

表 3.2 实验数据

序号	$q_i/(\mathrm{m^3/m^2})$	τ_i/s	$\Delta q_i=q_{i+1}-q_i$	$\Delta\tau_i=\tau_{i+1}-\tau_i$	$(\Delta\tau/\Delta q)_i$	$\bar{q}_i=(q_{i+1}+q_i)/2$
1	0	0				
2	0.1	38.2	0.1	38.2	382	0.05
3	0.2	114.4	0.1	76.2	762	0.15
4	0.3	228.0	0.1	113.6	1136	0.25
5	0.4	379.4	0.1	151.4	1514	0.35

此式与直线方程 $y=a+bx$ 完全一致，以 $\Delta\tau/\Delta q$ 对 $\bar{q}$ 在普通坐标纸上作图，可得一条直线，如图 3.9 所示。由此直线的斜率和截距求解过滤方程的常数。

直线的斜率

$$b=\frac{2}{K}=\frac{1380-210}{0.3-0}=\frac{1170}{0.3}=3900(\mathrm{s/m^2})$$

故得 $K=\frac{2}{3900}=5.13\times10^{-4}\ (\mathrm{m^2/s})$

直线的截距，因为坐标原点为零，可由图上直接读得

$$a=\frac{2}{K}q_e=210$$

故 $$q_e=\frac{aK}{2}=\frac{210\times5.13\times10^{-4}}{2}=5.39\times10^{-2}(\mathrm{m^3/m^2})$$

又由 $$q_e^2=K\tau_e$$

得 $$\tau_e=\frac{q_e^2}{K}=\frac{(5.39\times10^{-2})^2}{5.13\times10^{-4}}=5.66(\mathrm{s})$$

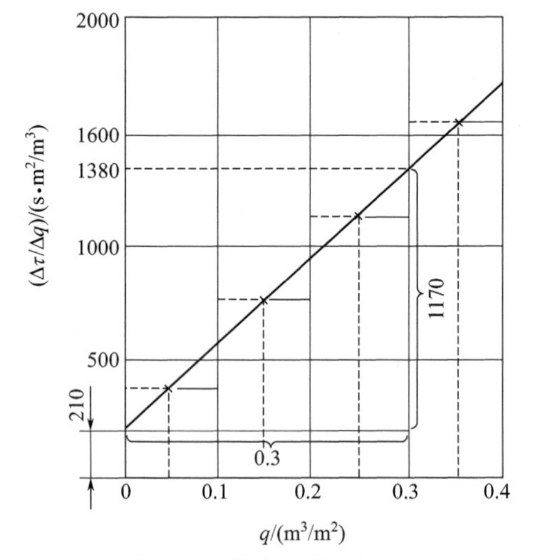

图 3.9 ［例 3.1］附图

已知恒压过滤在单位过滤面积上的过滤方程一般式为

$$(q+q_e)^2=K(\tau+\tau_e) \tag{3.13}$$

将以上常数代入，则可列出在实验条件下过滤此种料浆的过滤方程为

$$(q+5.39\times10^{-2})^2=5.13\times10^{-4}(\tau+5.66) \tag{3.14}$$

某些非线性方程如前面介绍的幂函数、指数函数等，经过变量代换之后均可成为线性方程，亦可用本图解方法确定其常数。

例如幂函数 $y=ax^b$，可以取对数变为直线形式，则可表示为

$$\lg y=\lg a+b\lg x \tag{3.15}$$

或
$$y' = A + bx'$$
式中，$y' = \lg y$，$A = \lg a$，$x' = \lg x$。

若以 y' 对 x' 在普通直角坐标纸上作图，可得一条直线。在工程上为了避免 x、y 取对数之烦，均采用双对数坐标纸，直接用 y 对 x 作图，标绘一条直线。根据直线求其斜率 b，截距 a。

直线斜率为
$$b = \frac{\lg y_2 - \lg y_1}{\lg x_2 - \lg x_1} \neq \frac{y_2 - y_1}{x_2 - x_1} \tag{3.16}$$
当坐标为等比轴时，可用下式计算
$$b = \frac{\overline{BC}}{\overline{AB}}$$
式中，$\overline{BC}$、$\overline{AB}$ 为从图上量得的直线长度，如图 3.10 所示。注意此长度不是坐标读数的差值。为了计算准确，ABC 三角形可取大些，直线 $\overline{AB}$、$\overline{BC}$ 最好取整数值。

直线的截距，若图中原点处 $x=1$，则其对数 $\lg x = 0$，此时可由 y 轴直接读取 a 值。一般是从图中直线上取一点的坐标值（x,y）和已确定的 b，代入原函数求得 a，即
$$a = \frac{y}{x^b} \tag{3.17}$$
显然，在计算 b、a 时，应均取直线上的任意点，而不应取直线外的实验点。

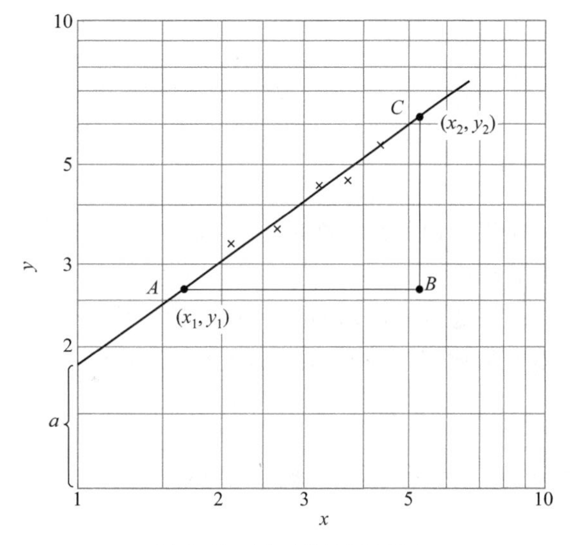

图 3.10　双对数直线图解

② 二元线性方程的图解　若实验研究中，所研究对象的物理量即因变量与两个变量成线性关系，可采用以下函数式表示
$$y = a + bx_1 + cx_2 \tag{3.18}$$
此为二元线性函数式。亦可采用图解方法确定式中常数 a、b、c。在图解此类函数式时，应首先令其中一变量恒定不变，如使 $x_1 = \text{const}$。则上式可改写成
$$y = d + cx_2 \tag{3.19}$$
式中，$d = a + bx_1 = \text{const}$。

由 y 与 x_2 的数据可在直角坐标中标绘出一直线，如图 3.11(a) 所示。采用上述图解方法即可确定 x_2 的系数 c。

在图 3.11(a) 中直线上任取两点 $e_1(x_{21}, y_1)$ 和 $e_2(x_{22}, y_2)$，则有 $c = \dfrac{y_2 - y_1}{x_{22} - x_{21}}$。当 c 求得后，将其代入式(3.18) 中，并将原式重新改写成以下形式
$$y - cx_2 = a + bx_1 \tag{3.20}$$
令 $y' = y - cx_2$，于是可得一新的线性方程

$$y'=a+bx_1 \tag{3.21}$$

由实验数据 y、x_2 和 c 计算得 y'，由 y'对于 x_1 在图 3.11(b) 中标绘其直线，并在该直线上任取 $f_1(x_{11},y'_1)$ 及 $f_2(x_{12},y'_2)$ 两点，由 f_1、f_2 两点即可确定 a、b 两个常数

$$b=(y'_2-y'_1)/(x_{12}-x_{11})$$
$$a=(y'_1x_{12}-y'_2x_{11})/(x_{12}-x_{11}) \tag{3.22}$$

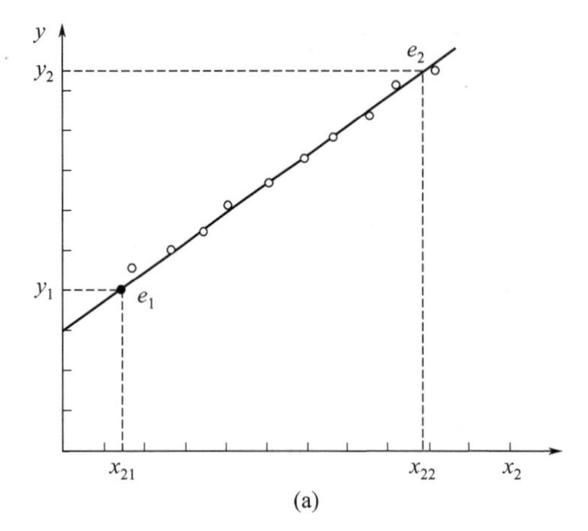

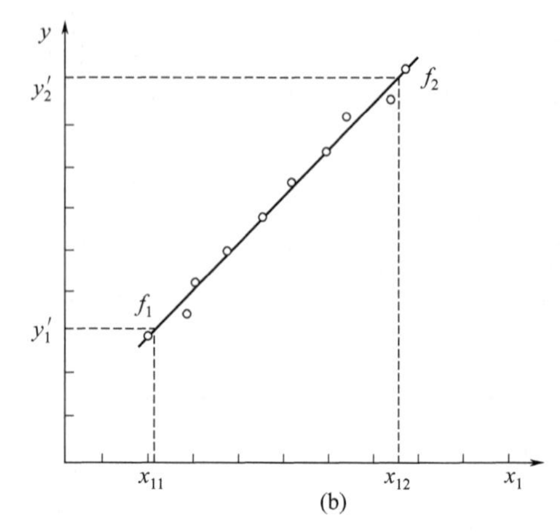

图 3.11 二元线性方程图解

应该指出的是，在确定 b、a 时，其自变量 x_1、x_2 应同时改变，才使其结果覆盖整个实验范围。

舍伍德（Sherwood）利用 7 种不同流体流过圆形直管的强制对流传热进行研究，并取得大量数据，采用幂函数形式进行处理，其函数形式为

$$Nu=BRe^mPr^n \tag{3.23}$$

式中，Nu 随 Re 及 Pr 变化。将式(3.23) 两边取对数，采用变量代换，使之化为二元线性方程形式

$$\lg Nu=\lg B+m\lg Re+n\lg Pr \tag{3.24}$$

令 $y=\lg Nu, x_1=\lg Re, x_2=\lg Pr, a=\lg B$，上式即可表示为二元线性方程正规方程形式

$$y=a+mx_1+nx_2$$

现将式(3.24) 改写为式(3.25) 的形式，确定常数 n（固定变量 Re 值，使 $Re=\text{const}$，自变量减少一个）

$$\lg Nu=(\lg B+m\lg Re)+n\lg Pr \tag{3.25}$$

舍伍德固定 $Re=10^4$，将 7 种不同流体的实验数据在双对数坐标纸上绘制 Nu 和 Pr 之间的关系，如图 3.12 所示。实验表明，不同 Pr 的实验结果，基本是一条直线，用这条直线决定 Pr 的指数 n，然后在不同的 Pr 及不同 Re 下实验，按式(3.26) 进行图解

$$\lg(Nu/Pr^n)=\lg B+m\lg Re \tag{3.26}$$

以 Nu/Pr^n 对 Re 在双对数坐标纸上作图，标绘出一条直线，如图 3.13 所示。由这条直线的斜率和截距决定 B 和 m 值。这样，经验公式中的所有待定常数 B、m 和 n 均被确定。

在作图过程中会发现，由于实验不可避免地存在误差，实验点总是有一定的分散性，通过一些离散的点画出一条直线，任意性较大，会影响实验结果的准确性。如果坐标纸选择得比较小，分度又较粗，作图、读数同样带有误差，也会影响结果的准确性。显然图解法也会受到上述误差的影响，未能较好地克服列表及图示法的不足。为了减少上述误差，采用数值方法处理。选点法是一种比较简单的方法，在处理数据精度要求不高时可以采用。比较准确的方法是采用最小二乘法等数值方法处理实验数据。下面介绍这两种方法的原理和应用。

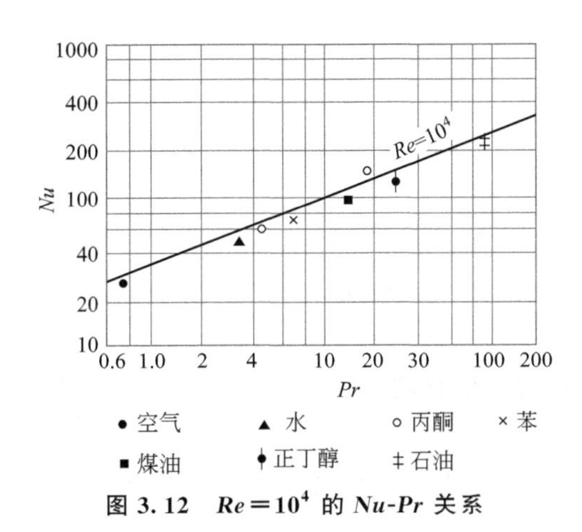

图 3.12　$Re=10^4$ 的 Nu-Pr 关系

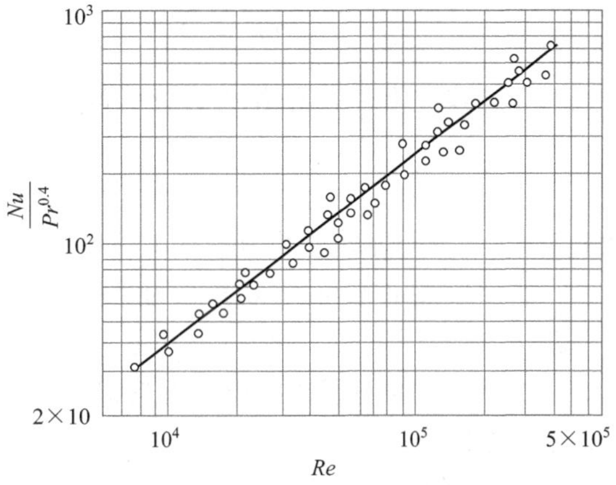

图 3.13　$Nu/Pr^{0.4}$-Re 关系

（3）选点法

选点法亦称联立方程法，此法适用于实验数据精度很高的条件下，否则所得函数式将毫无意义。具体步骤是：

① 选择适宜的经验公式形式 $y=f(x)$。

② 建立待定常数方程组。

若选定经验公式形式为

$$y=a+bx$$

则从实验数据中选出两个实验点数据 (x_1, y_1) 和 (x_2, y_2) 代入上式中得

$$\begin{cases} a+bx_1=y_1 \\ a+bx_2=y_2 \end{cases} \tag{3.27}$$

③ 联立求解以上方程，即可解得常数 a、b。若选定公式有 k 个待定常数，显然，则应选取 k 个点 (x_i, y_i) $(i=1,2,\cdots,k)$，代入原函数式获得含 k 个方程的方程组，求解方程组以确定各常数。由于在实验测试中其数据难免存在一定随机误差，故选取的数据点不同，所得结果也必然存在较大的差异，可见此法在实验数据精确度不高的情况下不可使用。实际上，在函数关系比较复杂、待定常数较多的情况下，即使实验数据比较精确，如采用此法求解难度较大也不宜选用。

3.4 曲线拟合与最小二乘法

在科学实验的数据统计方法研究中，通常要从获得的实验数据（x_i,y_i）（$i=1,2,\cdots,n$），寻找其自变量 x_i 与因变量 y_i 之间的函数关系：$y=f(x)$。由于实验测定数据一般都存在一定误差，不能要求所有的实验点均在 $y=f(x)$ 所表示的曲线上，只需满足实验点（x_i，y）与 $f(x_i)$ 的残差 $d_i[=f(x_i)-y_i]$ 小于给定的误差即可。此类寻求实验数据关系近似函数表达式 $y=f(x)$ 的问题称为曲线拟合。

曲线拟合首先应针对实验数据的特点，选择适宜的函数形式，确定拟合时的目标函数。目标函数不同，其采用方法及最后确定函数中的参数也有所不同。在曲线拟合中通常选择实验值 y_i 与函数的计算值$\hat{y}_i$ 的残差和 Q_1 为目标函数

$$Q_1=\sum_{i=1}^{n}(y_i-\hat{y}_i)=0 \qquad (i=1,2,\cdots,n) \tag{3.28}$$

或选择其残差平方和 Q 作为目标函数

$$Q=\sum_{i=1}^{n}(y_i-\hat{y}_i)^2=\min \qquad (i=1,2,\cdots,n) \tag{3.29}$$

采用式(3.28) 即残差和为目标函数的处理方法称为平均值法。

选用残差平方和式(3.29) 为目标函数的处理方法即最小二乘法。本节主要介绍最小二乘法。

最小二乘法是寻求实验数据近似函数表达式的更为严格有效的方法。最小二乘法有两条基本假定：

① 实验的自变量为给定值，不带有实验误差，或误差很小可以忽略不计。而因变量各值带有一定的实验误差。

② 回归或拟合的最好直线和曲线，与实验点的残差（偏差）取平方和为最小。

这两条基本假定可应用于各种形式方程的回归。

最小二乘法是：首先将实验数据（x_i,y_i）（$i=1,2,\cdots,n$）代入目标函数残差平方和 Q 中，目标函数 Q 则成为含待定常数 a_i（$i=0,1,2,\cdots,m$）为变量的函数。然后确定的常数 a_i 使之满足残差平方和为最小

$$Q=\sum_{i=1}^{n}[y_i-\hat{y}_i(a_i,x_i)]^2=\min\left(\text{以下}\sum_{i=1}^{n}\text{记为}\sum\right)$$

为使上式成立，则应满足以下条件

$$\frac{\partial Q}{\partial a_i}=0 \qquad (i=0,1,2,\cdots,m)$$

由此，可获得由 $m+1$ 个且含待定常数 a_i 的方程组成的方程组，求解该方程组，即可确定待定常数 $a_0,a_1,a_2,\cdots,a_m$。下面将进一步介绍具体方法步骤。

3.4.1 线性回归

线性回归是指处理实验数据的因变量与一个或多个自变量呈线性关系的回归方法。若因变量仅与一个自变量呈线性关系的回归方法称一元线性回归；若与多个变量呈线性关系的回归方法则称多元线性回归。线性回归是非线性回归的基础，应用极其广泛。以下主要

介绍采用最小二乘法的线性回归方法。

（1）一元线性回归（直线回归）

① 回归步骤　一元线性回归，亦称为直线拟合，一元线性方程的形式为

$$y=a+bx$$

式中，x 为自变量；y 为因变量；a 和 b 为待定常数。

设有一组实验数据，测定值为 $y_i, x_i (i=1,2,\cdots,n)$。若实验数据符合线性关系，或已知经验方程为直线形式，都可回归为直线方程，即

$$\hat{y}_i=a+bx_i \tag{3.30}$$

由于实验误差的存在，回归方程的计算值 $\hat{y}_i$ 与实验值 y_i 的残差 d_i 为

$$d_i=y_i-\hat{y}_i=y_i-(a+bx_i) \qquad (i=1,2,\cdots,n) \tag{3.31}$$

根据最小二乘法，假定实验测定值 y_i 与回归方程的计算值 $\hat{y}_i$ 残差 d_i 的平方和 Q 为最小，即

$$Q=\sum d_i^2=\sum[y_i-(a+bx_i)]^2=\min$$

残差平方和 Q 存在极小值的条件是，Q 对 a 和 b 的偏导数等于零，即

$$\frac{\partial Q}{\partial a}=0, \qquad \frac{\partial Q}{\partial b}=0$$

$$\frac{\partial Q}{\partial a}=2\sum[y_i-(a+bx_i)](-1)=0$$

$$\frac{\partial Q}{\partial a}=-2\sum[y_i-a-bx_i]=0$$

$$\sum y_i-na-b\sum x_i=0 \tag{3.32}$$

同理

$$\frac{\partial Q}{\partial b}=-2\sum\ (y_ix_i-a\sum x_i-b\sum x_i^2)\ =0$$

$$\sum y_ix_i-a\sum x_i-b\sum x_i^2=0 \tag{3.33}$$

整理式(3.32)和式(3.33)，则有

$$na+b\sum x_i=\sum y_i \tag{3.34}$$

$$a\sum x_i+b\sum x_i^2=\sum x_iy_i \tag{3.35}$$

此式为直接回归得到的正规方程，联立求解可得到 a 和 b 值，此值即采用最小二乘法得到的回归方程的最佳估计值，其 a、b 可表示为

$$a=\frac{\sum x_i^2\sum y_i-\sum x_i\sum x_iy_i}{n\sum x_i^2-(\sum x_i)^2} \tag{3.36}$$

$$b=\frac{n\sum x_iy_i-\sum x_i\sum y_i}{n\sum x_i^2-(\sum x_i)^2} \tag{3.37}$$

为了应用方便，也可将解的形式表示为以下形式，将式(3.32) 除 n，移项得

$$a=\frac{\sum y_i-b\sum x_i}{n}$$

故

$$a=\bar{y}-b\bar{x} \tag{3.38}$$

式中，$\bar{x}=\frac{\sum x_i}{n}$；$\bar{y}=\frac{\sum y_i}{n}$；$n$ 为实验数据组数。

将 a 值代入方程式(3.35)，整理得

$$b=\frac{\sum x_i y_i-\bar{y}\sum x_i}{\sum x_i^2-\bar{x}\sum x_i}=\frac{\sum x_i y_i-n\bar{x}\bar{y}}{\sum x_i^2-n\bar{x}^2}=\frac{\sum(x_i-\bar{x})(y_i-\bar{y})}{\sum(x_i-\bar{x})^2} \tag{3.39}$$

一元线性方程回归应用广泛，凡可以化为直线方程的函数都可以用以上各式求直线方程的常数。例如幂函数 $y=ax^n$，取对数后可以化为直线方程，利用直线的斜率和截距，可求出原函数的系数 a 和指数 n。

② 相关系数的显著性检验　相关系数，是“回归分析”中用来检验实验的两个变量间是否具有线性关系的一个重要指标。所谓的相关系数显著性检验，需要根据相应实验点数目 n 和信度值 a（显著水平）查得相关系数的最小值 $r_{\min}$。如果相关系数不低于“显著”的最小值 $r_{\min}$，说明实验的两个变量具有线性关系，可以用直线方程表示。此时，相关系数的使用才有更明确的意义。由于相关系数的大小可以表示实验点偏离直线的程度，所以有人常用相关系数的大小表示实验点与直线拟合的好坏。而更为严格的检验是应用相关系数及其显著性检验进行确认。下面分别介绍回归方程的相关系数及相关系数的显著性检验的概念和应用。

由回归所得线性方程为

$$\hat{y}=a+bx$$

由式(3.38)，上式可表示为

$$\hat{y}=\bar{y}-b\bar{x}+bx$$

所以，实验值 y_i 与回归方程计算值 $\hat{y}_i$ 的残差平方和 Q 可表示为

$$Q=\sum[y_i-\hat{y}_i]^2=\sum[y_i-(\bar{y}-b\bar{x}+bx_i)]^2=\sum[(y_i-\bar{y})-b(\bar{x}_i-\bar{x})]^2 \tag{3.40}$$

展开上式，将式(3.39) 变为 $\sum(x_i-\bar{x})(y_i-\bar{y})=b\sum(x_i-\bar{x})^2$，代入上式，整理得

$$Q=\sum(y_i-\bar{y})^2-b^2\sum(x_i-\bar{x})^2=\sum[(y_i-\bar{y})^2-b^2(x_i-\bar{x})^2]$$

$$=\sum(y_i-\bar{y})^2\left[1-\frac{b^2\sum(x_i-\bar{x})^2}{\sum(y_i-\bar{y})^2}\right] \tag{3.41}$$

令

$$r^2=\frac{b^2\sum(x_i-\bar{x})^2}{\sum(y_i-\bar{y})^2} \tag{3.42}$$

将式(3.39) b 值代入式(3.42) 可解得

$$r=\frac{\sum(x_i-\bar{x})(y_i-\bar{y})}{\sqrt{\sum(x_i-\bar{x})^2\sum(y_i-\bar{y})^2}} \tag{3.43}$$

式中，r 为相关系数，且其符号取决于 $\sum(x_i-\bar{x})(y_i-\bar{y})$。将式(3.39) 与式(3.43) 进

行比较，r 的符号与回归直线方程的斜率 b 一致。所以，b 为正，则 r 为正；b 为负，r 亦为负。因残差平方和 Q 总是大于零，则由式(3.41) 可得

$$1-\frac{b^2\sum(x_i-\bar{x})^2}{\sum(y_i-\bar{y})^2}=(1-r^2)\geqslant 0 \tag{3.44}$$

所以 $r^2\leqslant 1$，r 的变化范围为 $-1\leqslant r\leqslant 1$。

相关系数是用来衡量两个变量线性关系密切程度的一个数量性指标，其具体意义是：

a. 当 $r=\pm 1$ 时（$Q=0$），即 n 组实验数据全部落在直线 $y=a+bx$ 上，如图 3.14(a)、(b) 所示。

b. 当 $|r|$ 越接近 1 时（Q 越小），n 组实验数据越靠近直线 $y=a+bx$。当 $|r|$ 偏离 1 越大，实验点也偏离直线越大，如图 3.14(c)、(d) 所示。

c. 当 $r=0$ 时，变量之间无线性关系。实验点分散在直线周围，如图 3.14(e)、(f) 所示。$r=0$ 只说明变量 y 和 x 之间不存在线性关系，但不说明它们之间不存在其他相关关系。

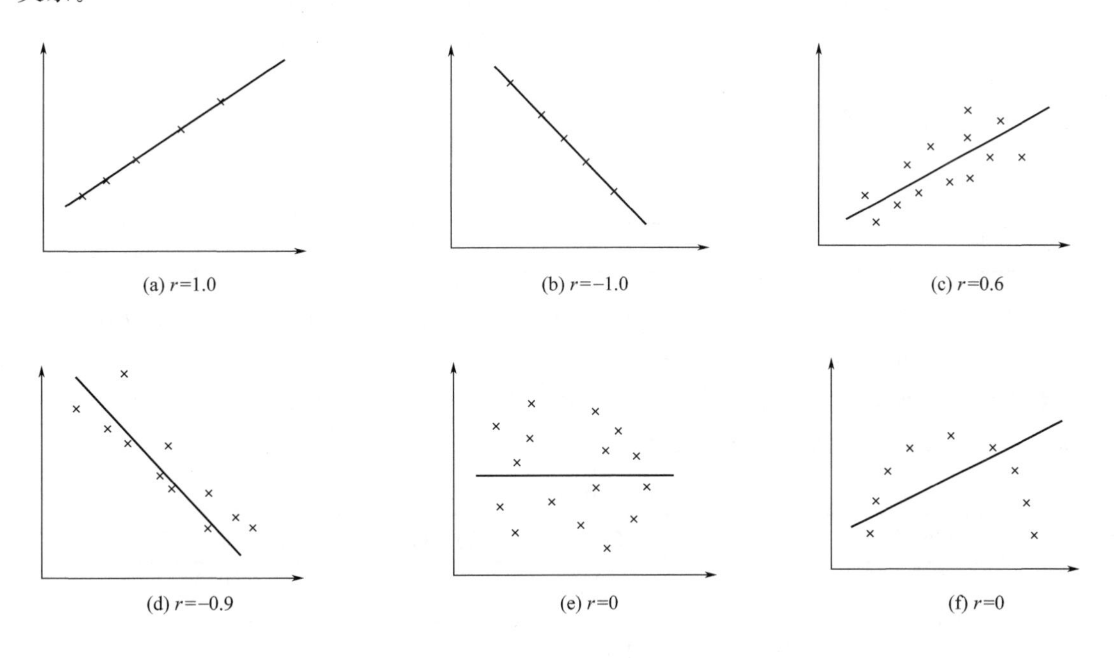

图 3.14　不同相关系数散点示意

以上线性相关系数 r 回答了所回归的数据中因变量 y_i 与自变量 x_i 之间线性相关的程度。r 绝对值越接近 1，x_i、y_i 线性相关的程度越高。然而，r 的大小未能回答其值达到多大时，才存在线性相关，采用线性关系才属合理。对此，则应对相关系数进行显著性检验才可确认。相关系数 r 达到使相关关系显著的值与实验数据点个数 n 以及所给信度值 a 有关。显著性检验要求 $|r|>r_{\min}$ 时，才说明 x_i、y_i 间线性相关密切，或者说才能采用该线性回归的方程来描述其变量间的关系。否则，线性相关不显著，应改用其他形式的公式重新进行回归的检验。可借助相关系数检验表（表 3.3），在给定信度值 a 和已知实验数据点数 n 的条件下，查得 $r_{\min}$，然后进行检验即可。

表 3.3　相关系数检验表

$n-2$	r_{min}		$n-2$	r_{min}	
	$a=0.05$	$a=0.01$		$a=0.05$	$a=0.01$
1	0.997	1.000	21	0.413	0.515
2	0.950	0.990	22	0.404	0.506
3	0.875	0.959	23	0.396	0.505
4	0.811	0.917	24	0.388	0.496
5	0.754	0.874	25	0.381	0.487
6	0.707	0.834	26	0.374	0.478
7	0.666	0.798	27	0.367	0.470
8	0.632	0.765	28	0.361	0.463
9	0.602	0.735	29	0.355	0.456
10	0.576	0.708	30	0.349	0.449
11	0.553	0.684	31	0.325	0.418
12	0.532	0.661	32	0.304	0.393
13	0.514	0.641	33	0.288	0.372
14	0.497	0.623	34	0.273	0.354
15	0.482	0.606	35	0.250	0.325
16	0.468	0.590	36	0.232	0.302
17	0.456	0.575	37	0.217	0.283
18	0.444	0.561	38	0.205	0.267
19	0.433	0.549	39	0.195	0.254
20	0.423	0.537	40	0.138	0.181

对于多元线性相关及相关系数的检验问题，还需引进一些新概念，处理要复杂一些，对此请参考概率统计方面的有关专著。

【例 3.2】 在流体流经直管的阻力实验中，获得一组摩擦系数 λ_i 与相应的 Re_i 数据，见表 3.4。试采用最小二乘法进行处理。

表 3.4　［例 3.2］实验数据

序号	λ	Re	$y_i(\lg\lambda_i)$	$x_i(\lg Re_i)$
1	0.640	100	−0.1938	2.0000
2	0.130	500	−0.8860	2.6989
3	0.063	1000	−1.2006	3.0000
4	0.043	1500	−1.3665	3.1761
$\sum$	0.876	3100	−3.6471	10.8751

解： 已知摩擦系数 λ 与 Re 关系为幂函数 $\lambda=ARe^b$，利用直线回归须将此式变为直线方程形式，取对数变为

$$\lg\lambda=\lg A+b\lg Re$$

在回归计算时，需要将实验数据 λ、Re 值取对数，即

$$y_i=\lg\lambda_i,\quad x_i=\lg Re_i$$

将 x_i、y_i 列于表 3.4 中，并计算以下各项

$$\bar{y}=\frac{\sum y_i}{n}=\frac{-3.6471}{4}=-0.9118$$

$$\bar{x}=\frac{\sum x_i}{n}=\frac{10.8751}{4}=2.7188$$

$$\sum(x_i-\bar{x})(y_i-\bar{y})=-0.8057$$

$$\sum(y_i-\bar{y})^2=0.8064$$

$$\sum(x_i-\bar{x})^2=0.8052$$

直线斜率

$$b=\frac{\sum(x_i-\bar{x})(y_i-\bar{y})}{\sum(x_i-\bar{x})^2}=-1.006\approx-1$$

直线截距

$$a=\lg A=\bar{y}-b\bar{x}=1.8087$$

$$A=10^a=64.3760\approx64$$

相关系数

$$r=\frac{\sum(x_i-\bar{x})(y_i-\bar{y})}{\sqrt{\sum(x_i-\bar{x})^2\sum(y_i-\bar{y})^2}}=0.99987$$

显著性检验 $n=4$。由 $n-2=2$，查表 3.3 相关系数检验表得

$$a=0.05,\ r_{\min}=0.950$$

$$a=0.01,\ r_{\min}=0.990$$

$r\geqslant0.990$，说明其线性相关在 $a=0.01$ 水平上显著，说明 λ 与 Re 线性相关密切，可以用该线性函数来描述。

于是，流体在管内呈层流时，摩擦系数 λ 与 Re 的实验方程可表示为

$$\lambda=64Re^{-1}=\frac{64}{Re}$$

此式与理论结果的形式完全一致，也说明回归的函数式符合实验数据实际存在的关系。

③ 回归方程的 F 检验　采用方差分析的方差比 F 对回归方程进行检验，是对回归方程拟合程度或相关显著性检验的又一方法。该法与相关系数的显著性检验是等价的，它不仅适用于线性回归方程检验，同时还适用于多元线性回归、正交实验设计等数据的分析和检验。现结合一元线性回归介绍如下。

离差，即实验值 y_i 与其平均值 $\bar{y}\left(=\sum_{i=1}^{n}y_i/n\right)$ 之差（$y_i-\bar{y}$），则离差平方和即可表示为

$$l_{yy}=\sum_{i=1}^{n}(y_i-\bar{y})^2 \tag{3.45}$$

离差平方和的大小反映了 y_i 的分散程度。现将式(3.45) 离差平方和 l_{yy} 作以下分解

$$l_{yy}=\sum_{i=1}^{n}(y_i-\hat{y}_i+\hat{y}_i-\bar{y})^2=\sum_{i=1}^{n}(y_i-\hat{y}_i)^2+\sum_{i=1}^{n}(\hat{y}_i-\bar{y})^2+2\sum_{i=1}^{n}(y_i-\hat{y}_i)(\hat{y}_i-\bar{y})$$

式中

$$\begin{aligned}\sum(y_i-\hat{y}_i)(\hat{y}_i-\bar{y})&=\sum(y_i-\hat{y}_i)(a+bx_i-\bar{y})\\&=(a-\bar{y})\sum(y_i-\hat{y}_i)+b\sum(y_i-\hat{y}_i)x_i\end{aligned} \tag{3.46}$$

因 $\sum(y_i-\hat{y}_i)=\frac{\partial Q}{\partial a}=0$，则

$$\sum(y_i-\hat{y}_i)x_i=\frac{\partial Q}{\partial b}=0$$

式中，Q 为残差平方和。故有

$$\sum(y_i-\hat{y}_i)(\hat{y}_i-\bar{y})=0$$

于是得

$$l_{yy}=\sum(y_i-\hat{y}_i)^2+\sum(\hat{y}_i-\bar{y})^2 \tag{3.47}$$

式(3.47) 中右边第一项为前已叙及的残差平方和 Q，记为

$$Q=\sum_{i=1}^{n}(y_i-\hat{y}_i)^2 \tag{3.48}$$

Q 的大小采用实验测量值 y_i 与回归方程的计算值 $\hat{y}_i$ 偏差平方和表示，是由系统中随机因素引起的，其大小反映了实验误差及其他未加控制的因素对实验结果的影响。故称其为残差平方和或剩余平方和。

式(3.47) 中右边第二项 $\sum_{i=1}^{n}(\hat{y}_i-\bar{y})^2$ 为回归方程的计算值 $\hat{y}_i$ 与实验总的平均值 $\bar{y}$ 的偏差平方和，反映了 $\hat{y}_i$ 的分散程度，是由自变量 x_i 不同引起的。故称此项为回归平方和，并记为

$$U=\sum_{i=1}^{n}(\hat{y}_i-\bar{y})^2 \tag{3.49}$$

由此可见，总的离差平方和 l_{yy} 可分解为残差平方和 Q 与回归平方和 U 两项之和

$$l_{yy}=Q+U \tag{3.50}$$

由式(3.50) 可知，总离差平方和 l_{yy} 可分为两部分，即 Q 及 U，每项所占比例的不同，反映了回归方程具有不同的拟合程度。Q 值所占比例越小，说明 $\hat{y}_i$ 越趋近 y_i 值，故方程回归越好，反之越差。

U 所占比例越大，则说明 $\hat{y}_i$ 分散程度（$\hat{y}_i-\bar{y}$）越趋近实验值的分散程度（$y_i-\bar{y}$），其结果则是 $\hat{y}_i$ 趋近 y_i，所以回归方程拟合越好。同时，U 增大，Q 必然随之减小，故 U 与 Q 变化对回归方程的影响是一致的。由此可见，由 U 与 Q 相对大小即方差比来检验回归方程是适宜的。但是 l_{yy}、Q、U 的大小与实验数据个数有关，为使方差比具有一般性，应消去 n 的影响，在数学上采用单位自由度方差的比消除 n 的影响。

系统总的自由度等于各部分自由度之和，故离差平方和的自由度 f_l 应等于残差平方和自由度 f_Q 及回归平方和自由度 f_U 之和，即有

$$f_l=f_Q+f_U \tag{3.51}$$

式中，f_l 为离差平方和自由度，$f_l=n-1$；n 为实验数据个数；f_U 为回归平方和自由度，$f_U=m$，m 为回归方程自变量个数；f_Q 为残差平方和自由度，$f_Q=f_l-f_U=n-1-m$。

由以上自由度对方差校正可得以下均方差：

回归方差 $$U/f_U=U/m$$

剩余方差 $$S^2=Q/f_Q=Q/(n-m-1) \tag{3.52}$$

剩余标准差 $$S=\sqrt{\frac{Q}{n-m-1}}=\sqrt{\frac{\sum_{i=1}^{n}(y_i-\hat{y}_i)^2}{n-m-1}} \tag{3.53}$$

方差比 F 可定义为

$$F=\frac{U/f_U}{Q/f_Q}=\frac{n-m-1}{m}\times\frac{U}{Q}=F(f_U,f_Q) \tag{3.54}$$

对于一元线性回归 $m=1$，则

$$F=(n-2)\frac{U}{Q}$$

采用方差比 F 对回归方程进行显著性检验，检验 y 与单个或多个变量 $x_1,x_2,\cdots,x_m$ 之间的线性相关是否显著。其原则是在给定显著水平 a 下，要求其 $F\geqslant F_{\min}$，$F_{\min}$ 由已知的 n、m 分别求得自由度 f_1、f_2 以及给定 a 在 F 分布表中查得。在 F 表中 f_1 为第一自由度，即回归方差自由度，$f_U=m$，f_2 为第二自由度，即残差平方和自由度，$f_Q=n-m-1$。显著水平一般分 0.25、0.1、0.05、0.01 四种。由于 a 越小显著性越高，故以先查 $a=0.01$ 为宜。F 检验只有满足 $F\geqslant F_{\min}$ 要求，才可确认在该 a 下回归为高度显著，否则，应重新修正或选择其他函数形式进行回归、检验，直至达到上述要求。

式(3.53) 为剩余标准差，亦称标准残差表达式。其概念同样适用于非线性和多元回归方程精度的量度。若不进行以上严格的检验，则可由标准残差 S 的大小进行评价。即 S 越小，回归方程精度越高，反之，精度越低。将几个回归方程比较，则以其标准差 S 小者为优。

方差比 F 与相关系数 r 存在以下关系

$$F=\frac{n-m-1}{m}\times\frac{r^2}{1-r^2} \tag{3.55}$$

所以，已知 r 可由式(3.55) 求得方差比 F，反之由 F 即可解得相关系数 r。

值得提及的是，若采用代换后的变量进行分析检验回归方程，只能反映代换后的方程拟合好坏，有时不能真实反映原函数的拟合精度。

【例 3.3】 将［例 3.2］回归方程进行 F 检验。

已知：由［例 3.2］得 $r=0.99987$，$n=4$，$m=1$。

解： 方差比可由式(3.55) 求得

$$F=\frac{n-m-1}{m}\times\frac{r^2}{1-r^2}=\frac{4-1-1}{1}\times\frac{0.99987^2}{1-0.99987^2}=7690$$

显著水平取 $a=0.01$，$f_1=m=1$，$f_2=n-m-1=4-1-1=2$，根据选定的显著水平 a 及 f_1、f_2 由 F 分布表（表 3.5）中查得 $F_{\min}=98.5$。计算所得方差比 $F=7690$，故 $F\geqslant F_{\min}$，说明该线性回归方程线性相关高度显著，其线性回归是适宜的。

表 3.5　F 分布数值表（$a=0.01$）

f_2 \ f_1	1	2	3	4	5	6	7	8	9	10	12	15	20	60	∞
1	4052	4999.5	5403	5625	5764	5859	5928	5982	6022	6056	6106	6157	6209	6313	6366
2	98.50	99.00	99.17	99.25	99.30	99.33	99.36	99.37	99.39	99.40	99.42	99.43	99.45	99.48	99.50
3	34.12	30.82	29.46	28.71	28.24	27.91	27.67	27.49	27.35	27.23	27.05	26.87	26.69	26.32	26.13
4	21.20	18.00	16.69	15.98	15.52	15.21	14.98	14.80	14.66	14.55	14.37	14.20	14.02	13.65	13.46
5	16.26	13.27	12.06	11.39	10.97	10.67	10.46	10.29	10.16	10.05	9.89	9.72	9.55	9.20	9.02

续表

f_2 \ f_1	1	2	3	4	5	6	7	8	9	10	12	15	20	60	∞
6	13.75	10.92	9.78	9.15	8.15	8.47	8.26	8.10	7.98	7.87	7.72	7.56	7.40	7.06	6.88
7	12.25	9.55	8.45	7.85	7.46	7.19	6.99	6.84	6.72	6.62	6.47	6.31	6.16	5.82	5.65
8	11.26	8.65	7.59	7.01	6.63	6.37	6.18	6.03	5.91	5.81	5.67	5.52	5.36	5.03	4.86
9	10.56	8.02	6.99	6.42	6.06	5.80	5.61	5.47	5.35	5.26	5.11	4.96	4.81	4.48	4.31
10	10.04	7.56	6.55	5.99	5.64	5.39	5.20	5.06	4.94	4.85	4.71	4.56	4.41	4.08	3.91
11	9.65	7.21	6.22	5.67	5.32	5.07	4.89	4.74	4.63	4.54	4.40	4.25	4.10	3.78	3.60
12	9.33	6.93	5.95	5.41	5.06	4.82	4.64	4.50	4.39	4.30	4.16	4.01	3.86	3.54	3.36
13	9.07	6.70	5.74	5.21	4.86	4.62	4.44	4.30	4.19	4.10	3.96	3.82	3.66	3.34	3.17
14	8.86	6.51	5.56	5.04	4.69	4.46	4.28	4.14	4.03	3.94	3.80	3.66	3.51	3.18	3.00
15	8.68	6.36	5.42	4.89	4.56	4.32	4.14	4.00	3.89	3.80	3.67	3.52	3.37	3.05	2.87
16	8.53	6.23	5.29	4.77	4.44	4.20	4.03	3.89	3.78	3.69	3.55	3.41	3.26	3.93	2.75
17	8.40	6.11	5.18	4.67	4.34	4.10	3.93	3.79	3.68	3.59	3.46	3.31	3.16	2.83	2.65
18	8.29	6.01	5.09	4.58	4.25	4.01	3.84	3.71	3.60	3.51	3.37	3.23	3.08	2.75	2.57
19	8.18	5.93	5.01	4.50	4.17	3.94	3.77	3.63	3.52	3.43	3.30	3.15	3.00	2.67	2.49
20	8.10	5.85	4.94	4.43	4.10	3.87	3.70	3.56	3.46	3.37	3.23	3.09	2.94	2.61	2.42
21	8.02	5.78	4.87	4.37	4.04	3.81	3.64	3.51	3.40	3.31	3.17	3.03	2.88	2.55	2.36
22	7.95	5.72	4.82	4.31	3.99	3.76	3.59	3.45	3.35	3.26	3.12	2.98	2.83	2.50	2.31
23	7.88	5.66	4.76	4.26	3.94	3.11	3.54	3.41	3.30	3.21	3.07	2.93	2.78	2.45	2.26
24	7.82	5.61	4.72	4.22	3.90	3.67	3.50	3.36	3.26	3.17	3.03	2.89	2.74	2.40	2.21
25	2.77	5.57	4.68	4.18	3.85	3.63	3.46	3.32	3.22	3.13	2.99	2.85	2.70	2.36	2.17
30	7.56	5.39	4.51	4.02	3.70	3.47	3.30	3.17	3.07	2.98	2.84	2.70	2.55	2.21	2.01
40	7.31	5.18	4.31	3.83	3.51	3.29	3.12	2.99	2.89	2.80	2.66	2.52	2.37	2.02	1.80
60	7.08	4.98	4.13	3.65	3.34	3.12	2.95	2.82	2.72	2.63	2.50	2.35	2.20	1.84	1.60
120	6.85	4.76	3.95	3.48	3.17	2.96	2.79	2.66	2.56	2.47	2.34	2.91	2.03	1.66	1.38
∞	6.63	4.61	3.78	3.32	3.02	2.80	2.64	2.51	2.41	2.32	2.18	2.04	1.88	1.47	1.00

（2）多元线性回归

在科学研究及工程应用中，往往要考虑变量 y 与多个变量 $x_1, x_2, \cdots, x_m$ 的多元线性回归问题，其原理与一元线性回归完全一致，只是在求解方法上要复杂一些，现介绍如下。

多元线性回归方程可表示为以下形式

$$y = a_0 + a_1 x_1 + a_2 x_2 + \cdots + a_m x_m \tag{3.56}$$

由实验获得的数据为

$$y_i, x_{1i}, x_{2i}, x_{3i}, \cdots, x_{mi} \qquad (i = 1, 2, \cdots, n)$$

通过多元线性回归，确定式(3.56) 中参数 a_j $(j = 0, 1, 2, \cdots, m)$，且使残差平方和为最小。

$$Q = \sum_{i=1}^{n} (y_i - \hat{y}_i)^2 = \sum_{i=1}^{n} (y_i - a_0 - a_1 x_1 - a_2 x_2 - \cdots - a_m x_m)^2 \tag{3.57}$$

使 Q 取最小值的条件是

$$\frac{\partial Q}{\partial a_j}=0 \qquad (j=0,1,2,\cdots,m)$$

分别取 Q 对 a_j 的偏导数为0，即得

$$\begin{aligned}
&\frac{\partial Q}{\partial a_0}=2\sum(y_i-a_0-a_1x_{1i}-a_2x_{2i}-\cdots-a_mx_{mi})(-1)=0\\
&\frac{\partial Q}{\partial a_1}=2\sum(y_i-a_0-a_1x_{1i}-a_2x_{2i}-\cdots-a_mx_{mi})(-x_{1i})=0\\
&\frac{\partial Q}{\partial a_2}=2\sum(y_i-a_0-a_1x_{1i}-a_2x_{2i}-\cdots-a_mx_{mi})(-x_{2i})=0\\
&\quad\vdots\\
&\frac{\partial Q}{\partial a_m}=2\sum(y_i-a_0-a_1x_{1i}-a_2x_{2i}-\cdots-a_mx_{mi})(-x_{mi})=0(i=1,2,3,\cdots,n)
\end{aligned} \tag{3.58}$$

整理上式可得以下方程组

$$\begin{cases}
na_0+a_1\sum x_{1i}+a_2\sum x_{2i}+\cdots+a_m\sum x_{mi}=\sum y_i\\
a_0\sum x_{1i}+a_1\sum x_{1i}^2+a_2\sum x_{1i}x_{2i}+\cdots+a_m\sum x_{1i}x_{mi}=\sum x_{1i}y_i\\
a_0\sum x_{2i}+a_1\sum x_{1i}x_{2i}+a_2\sum x_{2i}^2+\cdots+a_m\sum x_{2i}x_{mi}=\sum x_{2i}y_i\\
\quad\vdots\\
a_0\sum x_{mi}+a_1\sum x_{1i}x_{mi}+a_2\sum x_{2i}x_{mi}+\cdots+a_m\sum x_{mi}^2=\sum x_{mi}y_i
\end{cases} \tag{3.59}$$

用矩阵方程表示为

$$\begin{pmatrix}
n & \sum x_{1i} & \sum x_{2i} & \cdots & \sum x_{mi}\\
\sum x_{1i} & \sum x_{1i}^2 & \sum x_{1i}x_{2i} & \cdots & \sum x_{1i}x_{mi}\\
\sum x_{2i} & \sum x_{1i}x_{2i} & \sum x_{2i}^2 & \cdots & \sum x_{2i}x_{mi}\\
\vdots & \vdots & \vdots & \vdots & \vdots\\
\sum x_{mi} & \sum x_{1i}x_{mi} & \sum x_{2i}x_{mi} & \cdots & \sum x_{mi}^2
\end{pmatrix}
\begin{pmatrix} a_0\\ a_1\\ a_2\\ \vdots\\ a_m \end{pmatrix}
=
\begin{pmatrix} \sum y_i\\ \sum x_{1i}y_i\\ \sum x_{2i}y_i\\ \vdots\\ \sum x_{mi}y_i \end{pmatrix} \tag{3.60}$$

将实验数据 x_{ji} 及 y_i （$j=1,2,\cdots,m;i=1,2,\cdots,n$）分别代入方程左边含 x_{ji} 的系数阵中求得各元素，代入方程右边的列矩阵中求得各元素，使该方程组线性化，使之成为含待定常数 $a_0,a_1,a_2,\cdots,a_m$ 的线性方程组，通过求解该线性方程组则可确定各待定常数 $a_j(j=0,1,2,\cdots,m)$。

为方便阅读，将以上线性方程组表示为正规方程组的形式，式(3.60) 中变量及待定

常数符号均作重新设定。

式(3.60) 中左边含 x 的系数阵为关于主对角线对称的方阵，令其为 $\boldsymbol{A}$，其元素用 $a_{jk}(j=1,2,\cdots,m+1;\ k=1,2,\cdots,m+1)$ 表示。含 a_j 元素的列矩阵为待定常数阵，令其为 $\boldsymbol{X}$，各元素以 $x_j(j=1,2,\cdots,m+1)$ 表示。方程右侧列矩阵，令其为 $\boldsymbol{B}$，各元素则以 $b_j(j=1,2,\cdots,m+1)$ 表示。

其各元素可分别表示为 $\boldsymbol{A}$ 系数阵元素 a_{jk} $(j=1,2,\cdots,m+1;\ k=1,2,\cdots,m+1)$。

$$
\begin{array}{lllll}
a_{11}=n, & a_{12}=\sum_{i=1}^{n}x_{1i}, & a_{13}=\sum_{i=1}^{n}x_{2i} & \cdots & a_{1(m+1)}=\sum_{i=1}^{n}x_{mi} \\
 & a_{22}=\sum_{i=1}^{n}x_{1i}^{2}, & a_{23}=\sum_{i=1}^{n}x_{1i}x_{2i} & \cdots & a_{2(m+1)}=\sum_{i=1}^{n}x_{1i}x_{mi} \\
 & & a_{33}=\sum_{i=1}^{n}x_{3i}^{2}, & a_{34}=\sum_{i=1}^{n}x_{2i}x_{3i}\cdots & a_{3(m+1)}=\sum_{i=1}^{n}x_{2i}x_{mi} \\
 & & \ddots & \vdots & \vdots \\
 & & & a_{mm}=\sum_{i=1}^{n}x_{(m-1)i}^{2}, & a_{m(m+1)}=\sum_{i=1}^{n}x_{(m-1)i}x_{mi} \\
 & & & & a_{(m+1)(m+1)}=\sum_{i=1}^{n}x_{mi}^{2}
\end{array}
\tag{3.61}
$$

前提及因系数阵 $\boldsymbol{A}$ 为关于主对角线对称的矩阵，于是，主对角线以下三角阵的各元素可由下列各式求得。

式(3.60) 右边列矩阵 $\boldsymbol{B}$ 各元素可表示为 $b_j(j=1,2,\cdots,m+1)$。

$$
b_1=\sum_{i=1}^{n}y_i,\quad b_2=\sum_{i=1}^{n}x_{1i}y_i,\quad b_3=\sum_{i=1}^{n}x_{2i}y_i,\quad \cdots,\quad b_{m+1}=\sum_{i=1}^{n}x_{mi}y_i \tag{3.62}
$$

式(3.60) 中含待定常数的列矩阵各元素 a_j，令其为 $x_j(j=1,2,\cdots,m+1)$，并表示为

$$
x_j=a_j
$$

则式(3.60) 表示成以下矩阵形式

$$
\begin{pmatrix}
a_{11} & a_{12} & a_{13} & \cdots & a_{1(m+1)} \\
a_{21} & a_{22} & a_{23} & \cdots & a_{2(m+1)} \\
a_{31} & a_{32} & a_{33} & \cdots & a_{3(m+1)} \\
\vdots & \vdots & \vdots & \vdots & \vdots \\
a_{(m+1)1} & a_{(m+1)2} & a_{(m+1)3} & \cdots & a_{(m+1)(m+1)}
\end{pmatrix}
\begin{pmatrix}
x_1 \\ x_2 \\ x_3 \\ \vdots \\ x_{(m+1)}
\end{pmatrix}
=
\begin{pmatrix}
b_1 \\ b_2 \\ b_3 \\ \vdots \\ b_{(m+1)}
\end{pmatrix}
\tag{3.63}
$$

或表示为

$$
\boldsymbol{AX}=\boldsymbol{B} \tag{3.64}
$$

由以上推导可知，当 $m=1$ 时，即可确定一元线性回归方程的待定常数 a_0、a_1；当 $m=2$ 时，则可确定二元线性回归方程的待定常数 a_0、a_1、a_2。将以上回归求解过程编成计算机程序，可方便实现含 m 个自变量的线性回归，求得 $(m+1)$ 个待定常数：$a_0,a_1,a_2,\cdots,a_m$。其线性方程组的求解方法将于后详细介绍。

3.4.2 非线性回归

在获得的实验结果数据中，其因变量与自变量常常不存在线性关系，即存在非线性关系。如

$$y=ax^b$$

$$y=a_0+a_1x+a_2x^2+a_3x^3$$

$$y=ax_1^m x_2^n$$

$$y=a_0+a_1x_1+a_2x_2+a_3x_1x_2+a_4x_1^2+a_5x_2^2 \qquad 等$$

若实验数据按此类函数回归即非线性回归。按其含自变量个数的不同，又称含单个自变量的曲线拟合为一元非线性回归，含两个或两个以上自变量的曲线拟合称多元非线性回归。在一般情况下，其非线性关系均可转化为线性关系，然后按线性回归进行处理，所以线性回归方法是非线性回归的基础。

（1）一元非线性回归

一元非线性回归的问题在前面图解方法及线性回归中已有所涉及。在典型函数形式的范例中，已对非线性函数转化为线性函数的具体方法进行过介绍，在此不予赘述。最基本的一点，即将能够转化为线性关系的非线性函数转化为线性函数的形式，然后，按线性回归进行处理即可。现仅对多项式回归介绍如下。

多项式是用来描述实验结果的因变量 y 与单个自变量 x 之间变化关系且应用最广泛的一种函数形式

$$y=a_0+a_1x+a_2x^2+\cdots+a_mx^m \tag{3.65}$$

一般情况下，在一定范围内，总可选择一适当的 m 项多项式来逼近实验结果。然后将其多项式通过变量代换，化为多元线性函数形式进行处理。

令 $x_1=x, x_2=x^2, x_3=x^3, \cdots, x_m=x^m$，于是，多项式(3.65) 即可写成以下形式

$$y=a_0+a_1x_1+a_2x_2+\cdots+a_mx_m \tag{3.66}$$

其实验结果则可按式(3.60) 进行回归，确定式中待定常数 $a_0, a_1, a_2, \cdots, a_m$。

采用多项式进行回归，其项数有一个适宜值，并非 m 越大越好。为使获得的经验公式简便可行，在适宜的精度下，m 值以小为宜。这样，可避免计算过程使误差积累增大，同时也可减少计算工作量。

其实，有些函数形式并非一定进行变量代换，用原函数变量形式亦可，只是系数阵 $\boldsymbol{A}$ 中的各元素表达式显得复杂一些，其结果完全一致。如多项式，读者可亲自作以推导，其结果便是很好的说明。

如果完成了任意 m 项多项式的回归，显然实现 $m=1, m=2, \cdots$ 多项式的回归亦在其中。对此编制一通用多项式回归的计算机程序是十分需要的，将为工作提供不少方便。

（2）多元非线性回归

在实际工作中，也常遇到因变量 y 与多个自变量 x_i 成非线性关系的回归。如

$$y=a_0+a_1x_1+a_2x_2+a_3x_1x_2+a_4x_1^2+a_5x_2^2 \tag{3.67}$$

$$Nu=ARe^mPr^n \tag{3.68}$$

等形式的多元非线性函数形式。进行多元非线性回归的原理同前一样，亦是采用适当的方法将原函数式转换为线性关系函数形式，然后，按前面介绍线性回归的方法进行处理，如令 $X_1=x_1, X_2=x_2, X_3=x_1x_2, X_4=x_1^2, X_5=x_2^2$，则式(3.67) 可改写为

$$y=a_0+a_1X_1+a_2X_2+a_3X_3+a_4X_4+a_5X_5 \tag{3.69}$$

此式即可按前面介绍的多元线性回归方法处理。

式(3.68) 即前面已叙及的圆形直管内强制对流传热的关联式，对其两边取对数即得

$$\lg Nu=\lg A+m\lg Re+n\lg Pr \tag{3.70}$$

令 $y=\lg Nu, a_0=\lg A, x_1=\lg Re, x_2=\lg Pr$，则式(3.70) 可表示为以下二元线性方程

$$y=a_0+mx_1+nx_2 \tag{3.71}$$

采用多元线性回归，确定式中待定常数。其原函数式中的 A 由下式求得

$$A=10^{a_0}$$

对于其他函数形式，结合前面介绍的例子和方法灵活运用，一般问题均可迎刃而解。

3.5 插值法

在实际生产和实验研究中常获得许多离散的数据，不能表达成一适宜的函数式；另外，在实际工作中，常有许多函数用表格方式给出（在化工领域中，绝大多数物性数据是以表格方式给出的)。例如，某函数 $y=f(x)$ 的一组数据见表 3.6。

表 3.6　函数 $y=f(x)$ 的一组数据

x	x_0	x_1	x_2	…	x_i	…	x_n
y	y_0	y_1	y_2	…	y_i	…	y_n

这种表格函数不便于分析其性质和变化规律，不能连续表达变量之间的关系。特别是不能直接读取表中数据点之间的数据。插值法为解决这些问题提供了一种十分有效的方法。

插值法就是根据给出的相邻的数据点，寻找一个函数 $\varphi(x)$ 去近似地代替函数 $f(x)$，而且要求 $\varphi(x)$ 在给定 x_i 时与 $f(x)$ 取值相同，即 $\varphi(x_i)=f(x_i)$。通常称 $\varphi(x)$ 为 $f(x)$ 的插值函数，x_i 称为插值节点。插值方法很多，这里只介绍线性插值和二次插值，可推广到 n 次拉格朗日（Lagrange）插值。

（1）线性插值

已知函数 $y=f(x)$，在 x_0、x_1 上的值为 y_0、y_1。构造一个插值函数 $y=\varphi(x)$，使之满足 $\varphi(x_0)=y_0, \varphi(x_1)=y_1$，从而使得函数 $\varphi(x)$ 可近似地代替 $f(x)$ 的数据。

线性插值法是最简单的插值方法。该插值函数 $\varphi_1(x)$ 是通过 $A(x_0,y_0)$ 与 $B(x_1, y_1)$ 两点的一条直线，如图 3.15 所示，以此来近似表示函数 $y=f(x)$，而 A、B 点的方

程为

$$y=\varphi_1(x)=y_0+\frac{y_1-y_0}{x_1-x_0}(x-x_0) \quad (3.72)$$

这样，$\varphi_1(x)$ 是 x 的一次多项式，即一次函数，这种插值称为线性插值。

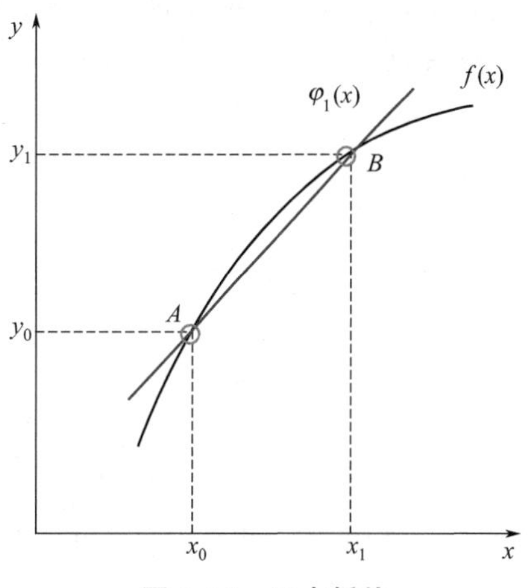

图 3.15 两点插值

将式(3.72) 整理，可以改写为

$$\varphi_1(x)=\frac{x-x_1}{x_0-x_1}y_0+\frac{x-x_0}{x_1-x_0}y_1$$

令 $L_0(x)=\frac{x-x_1}{x_0-x_1}$，$L_1(x)=\frac{x-x_0}{x_1-x_0}$

称 $L_0(x)$ 为 x_0 点的一次插值基函数，$L_1(x)$ 为 x_1 点的一次插值基函数。基函数有如下性质：

点的基函数 $L_i(x_i)$ 在其对应点处值为 1，在其他点处值为 0。

例如，以上线性插值基函数 $L_0(x)$ 及 $L_1(x)$

A 点基函数 $L_0(x)=\frac{x-x_1}{x_0-x_1}$

在对应点 $A(x_0, y_0)$ 处 $L_0(x)=\frac{x_0-x_1}{x_0-x_1}=1$

在对应点 $B(x_1,y_1)$ 处 $L_1(x_1)=\frac{x_1-x_1}{x_0-x_1}=0$

同理，B 点基函数 $L_1(x)=\frac{x-x_0}{x_1-x_0}$

在对应点 $B(x_1,y_1)$ 处 $L_1(x_1)=\frac{x_1-x_0}{x_1-x_0}=1$

在对应点 $A(x_0, y_0)$ 处 $L_1(x_0)=\frac{x_0-x_0}{x_1-x_0}=0$

可以发现，一次插值函数 $\varphi_1(x)$ 是两个插值基函数的线性组合，其组合系数是对应两节点的函数值。

线性插值只用了两个已知点 x_0、x_1 处的函数值 y_0、y_1 去求函数 $y=f(x)$ 的近似值，计算简单，误差较大。

（2）二次插值

二次插值亦称抛物线插值。现已知函数 $y=f(x)$ 在 x_0、x_1、x_2 上的值分别为 y_0、y_1、y_2，这时求作一个二次多项式 $y=\varphi_2(x)$(图 3.16)。通过三点 $A(x_0,y_0)$、$B(x_1,y_1)$、$C(x_2,y_2)$ 作一条曲线来近似代替函数 $y=f(x)$，如果 A、B、C 三点不在同一直线上，作出的曲线则是抛物线。所构造插值函数 $\varphi_2(x)$ 为 x 的二次函数，其形式为

$$\varphi_2(x)=a_0+a_1x+a_2x^2 \quad (3.73)$$

式中，a_0、a_1、a_2 为待定常数。将 A、B、C 三点坐标分别代入式(3.73) 即可得到一个

关于 a_0、a_1、a_2 未知数的三元一次联立方程组，解这个方程组可得出插值多项式 $\varphi_2(x)$ 的三个系数。

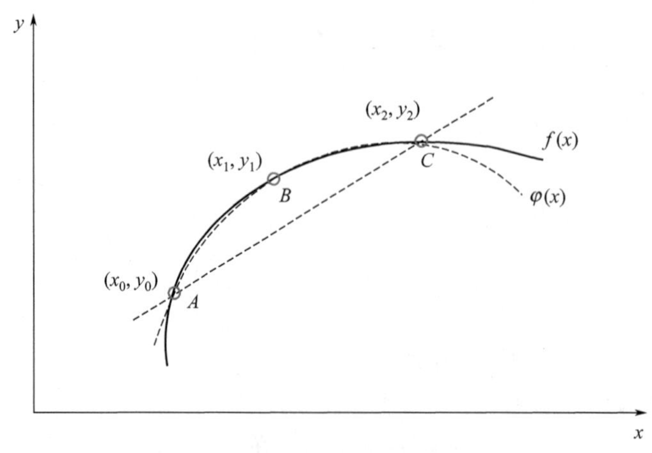

图 3.16　三点插值

现介绍一个更为简便的方法，即根据基函数的性质，构造函数 $\varphi_2(x)$。其中 $\varphi_1(x)$ 为线性插值函数。

$$\varphi_2(x)=\varphi_1(x)+a(x-x_0)(x-x_1) \tag{3.74}$$

即

$$\varphi_2(x)=y_0+\frac{y_1-y_0}{x_1-x_0}(x-x_0)+a(x-x_0)(x-x_1) \tag{3.75}$$

式中，a 为待定系数。由上式不难看出 $\varphi_2(x_0)=y_0$，$\varphi_2(x_1)=y_1$ 的条件是满足的。将 $x=x_2$ 代入式(3.75)，使之满足插值函数，即

$$\varphi_2(x_2)=y_0+\frac{y_1-y_0}{x_1-x_0}(x_2-x_0)+a(x_2-x_0)(x_2-x_1)=y_2$$

由上式解得待定系数 a 为

$$a=\frac{\dfrac{y_2-y_0}{x_2-x_0}-\dfrac{y_1-y_0}{x_1-x_0}}{x_2-x_1} \tag{3.76}$$

或整理为

$$a=\frac{\dfrac{y_2-y_1}{x_2-x_1}-\dfrac{y_1-y_0}{x_1-x_0}}{x_2-x_0} \tag{3.77}$$

将 a 代入式(3.75)，整理得

$$\varphi_2(x)=y_0+\frac{y_1-y_0}{x_1-x_0}(x-x_0)+\frac{\dfrac{y_2-y_1}{x_2-x_1}-\dfrac{y_1-y_0}{x_1-x_0}}{x_2-x_0}(x-x_0)(x-x_1) \tag{3.78}$$

$\varphi_2(x)$ 称为二次插值多项式。这种插值称为二次插值或抛物线插值。如果将上式右端按 y_0、y_1、y_2 整理，还可以改写成如下形式

$$\varphi_2(x)=\frac{(x-x_1)(x-x_2)}{(x_0-x_1)(x_0-x_2)}y_0+\frac{(x-x_0)(x-x_2)}{(x_1-x_0)(x_1-x_2)}y_1+\frac{(x-x_0)(x-x_1)}{(x_2-x_0)(x_2-x_1)}y_2 \tag{3.79}$$

基函数为

$$L_0(x)=\frac{(x-x_1)(x-x_2)}{(x_0-x_1)(x_0-x_2)}$$

$$L_1(x)=\frac{(x-x_0)(x-x_2)}{(x_1-x_0)(x_1-x_2)}$$

$$L_2(x)=\frac{(x-x_0)(x-x_1)}{(x_2-x_0)(x_2-x_1)} \tag{3.80}$$

函数 $\varphi_2(x)$ 的基函数满足基函数的定义，在对应插值节点上的值取 1，其他节点值取 0，$\varphi_2(x)$ 也为基函数的线性组合，系数为相应节点的函数值 y_0、y_1、y_2。

扫码获取

MATLAB 处理

实验数据示例

第4章

化工过程常见物理量测量

化工过程物理量的测量对于准确地获取实验数据十分重要，本章主要介绍与化工原理实验相关的主要物理量的测量原理和方法，包括温度测量、压力和压差测量及流量测量。

4.1 温度测量

温度是表征物体冷热程度的物理量。物体的许多物理现象和化学性质都与温度有关。大多数化工生产过程都是在一定温度范围内进行的，因此温度的检测和控制是化工实验的一项重要内容。

4.1.1 温度检测方法

温度检测方法按测温元件和被测介质接触与否可以分成接触式和非接触式两大类。

接触式测温是将测温元件与被测对象直接接触进行热交换。接触式温度计结构简单、可靠，测温精度较高，但是由于测温元件与被测对象必须经过充分的热交换且达到平衡后才能测量，这样容易破坏被测对象的温度场，同时带来测温过程的延迟现象，不适于测量热容量小、极高温和处于运动中的对象温度，不适于直接对腐蚀性介质进行测量。

非接触式测温时，测温元件不与被测对象接触，而是通过热辐射进行热交换，或测温元件接收被测对象的部分热辐射能，由热辐射能大小推出被测对象的温度。从原理上讲测量范围从超低温到极高温，不破坏被测对象温度场。非接触式测温响应快，对被测对象扰动小，可用于测量运动的被测对象和有强电磁干扰、强腐蚀的场合。但缺点是容易受到外界因素的扰动，测量误差较大，且结构复杂，价格比较昂贵。

表4.1列出了几种主要的温度检测方法。

表4.1 主要的温度检测方法及特点

测温方式	类别和仪表		测温范围/℃	作用原理	适用场合和注意事项
接触式	膨胀式	玻璃液体	−100～600	液体受热时产生热膨胀	轴承、定子等处的温度作现场指示
		双金属	−80～600	两种金属的热膨胀差	
	压力式	气体	−20～350	封闭在固定体积中的气体、液体或某液体饱和蒸气受热后产生体能膨胀或压力变化	用于测量易爆、易燃、振动处的温度，传送距离不很远
		蒸气	0～250		
		液体	−30～600		

续表

测温方式	类别和仪表		测温范围/℃	作用原理	适用场合和注意事项
接触式	热电类	热电偶	0～1600	热电效应	液体、气体、蒸气的中、高温，能远距离传送
	热电阻	铂电阻	−200～850	导体或半导体材料受热后电阻值变化	液体、气体、蒸气的中、低温，能远距离传送
		铜电阻	−50～150		
		热敏电阻	−50～300		
	其他电学	集成温度传感器	−50～150	半导体器件的温度效应	用于检测发动机温度、燃油温度等
		石英晶体温度计	−50～120	晶体的固有频率随温度变化	要求能快速、准确甚至点测温度值的场合
非接触式	光纤类	光纤温度传感器	−50～400	光纤的温度特性或作为传光的介质	强烈电磁干扰、强辐射的恶劣环境
		光纤辐射温度计	200～4000		
	辐射式	辐射式	400～2000	物体辐射能随温度变化	用于测量火焰、钢水等不能接触测量的高温场合
		化学式	800～3200		
		比色式	500～3200		

4.1.2　热电偶

（1）热电偶的测温原理

热电现象是因为两种不同金属的自由电子密度不同，当两种金属接触时，在两种金属的交界处，就会因电子密度不同而有电子扩散，电子扩散的结果会在两金属接触面两侧形成静电场即接触电势差。这种接触电势差仅与两金属的材料和接触点的温度有关。温度越高，金属中的自由电子就越活跃，致使接触处所产生的电场强度增强，接触面电动势也相应增高。热电偶测温计就是根据这个原理制成的。

（2）常用热电偶的种类及特性

理论上任意两种金属导体材料均可以组成热电偶，但实际并非如此，对导体材料必须进行严格的选择。热电偶材料应满足以下要求：

① 温度每增加1℃时所能产生的热电势要大，且热电势与温度应尽可能呈直线关系；

② 物理化学稳定性能好，即测温范围内热电性质不随时间而变化，高温下不被氧化和腐蚀；

③ 材料组织均匀，有韧性，便于加工成丝；

④ 复现性好，便于批量生产，且在应用上保证良好的互换性。

工业上和实验室中常用的热电偶种类及特性见表4.2。

表4.2　工业和实验常用热电偶

热电偶名称	分度号	测温范围/℃		特点
		长期使用	短期使用	
铂铑10-铂	S	0～1300	1600	复制精度和测量准确性较高；热电势较弱且成本较高

续表

热电偶名称	分度号	测温范围/℃		特点
		长期使用	短期使用	
镍铬-镍硅	K	0～900	1200	复制性好、产生的热电势大、线性好、价格便宜； 长期使用会因镍铝氧化变质，使热电特性改变而影响测量精度
镍铬-铜镍	E	0～600	750	低温时精确度高、价格低廉
铜-康铜	T	－100～350	500	热电势大

（3）热电偶冷端的温度补偿

由热电偶测温原理知，只有当热电偶冷端温度不变时，热电势才是热端温度的单值函数，因此须设法维持冷端温度恒定。为此可采用以下几种措施。

① 利用补偿导线将冷端延伸出来

在实际应用中，若冷端与工作端离得很近，不易使冷端温度恒定。较好的办法是把热电偶做得很长，使冷端远离热端并延伸到恒温或温度波动较小的地方（如检测、控制室内）。但对于贵金属材料的热电偶来说很不经济。解决此问题的方法是采用专用导线，将热电偶的冷端延伸出来，使其远离工作端，如图 4.1 所示。这种专用导线称为“补偿导线”。只要热电偶原冷接点 3、4 两处的温度 t_0' 在 0～100℃内，将热电偶的冷接点移至位于恒温箱内补偿导线的端点 1 和 2 处，就不会影响热电偶的热电势。

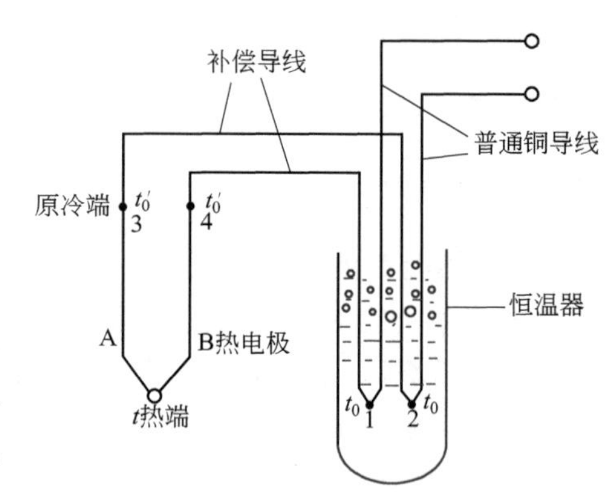

图 4.1 补偿导线的接法和作用

补偿导线的特点是与所要连接的热电极具有相同热电性能，是价格比较低廉的金属。若热电偶本身是廉价金属，则补偿导线就是热电极的延长线。

连接和使用补偿导线时需要检查极性（补偿导线的正极应连接热电偶的正极）。若极性连接不对，测量误差会很大；确定补偿导线长度时，应保证两根补偿导线的电阻与热电偶的电阻之和不超过仪表外电路电阻规定值；热电极和补偿导线连接端所处温度不超过 100℃，否则会由于热电特性不同产生新的误差。

② 维持冷端温度恒定

a. 沐浴法。此法通常先将热电偶冷端放在盛有绝缘油的试管中，然后将试管放入盛满冰水混合物的容器中，使冷端温度维持 0℃。通常热电势-温度关系曲线是在冷端温度为 0℃下得到的。

b. 将热电偶冷端放入恒温槽中，并使恒温槽温度维持在高于常温的某一恒温 t_0。此时，与热端温度 t 对应的热电势 $E(t,0)$ 可由下式算出

$$E(t,0)=E(t,t_0)+E(t_0,0) \tag{4.1}$$

式中 $E(t, t_0)$——冷端温度为 t_0 时测得的热电势；

$E(t_0, 0)$——从标准热电势-温度关系曲线（冷端温度为0℃）查得 t_0 的热电势。

（4）热电偶的标定

由于实验室使用的热电偶材料不一定完全符合标准化文件所规定的材料及化学成分，因此它的热电性质和允许偏差就不能与统一的热电偶分度表相一致。为此一般实验室所使用的热电偶是属于非标准化热电偶，它的分度必须由测温工作者自己标定。

标定热电偶就是把放置在同一热源处的标准温度计与热电偶反映出来的热电势一一对应起来，绘制成 $E(\mathrm{mV})$-t 曲线或写成 $E(\mathrm{mV})$-t 对照表格。或者用热电偶去测量一些纯物质的相变点，以相变点的温度对热电势作图即可得该热电偶的工作曲线（或校正曲线）。通过工作曲线，可查得在不同热电势时所对应的实际温度值。

4.1.3 热电阻

热电阻测温原理是基于导体电阻会随温度的变化而变化的特性。在一定温度范围内电阻与温度呈线性关系，如下式

$$R_t = R_{t_0}[1+\alpha(t-t_0)] \tag{4.2}$$

$$\Delta R_t = \alpha R_{t_0}(t-t_0) \tag{4.3}$$

式中 R_t, R_{t_0}——温度 t 和 t_0 时的热电阻，Ω；

α——电阻温度系数，1/℃；

ΔR_t——电阻值的变化量，Ω。

工业上常用的热电阻是铜电阻和铂电阻两种，见表4.3。

表4.3 工业常用热电阻

热电阻名称	分度号	测温范围/℃	特点
铂电阻	Pt50	−200～500	精度高，适应于中性和氧化性介质
	Pt100		
铜电阻	Cu50	−50～150	线性好，适应于无腐蚀性介质

工业用热电阻的结构型式有普通型、铠装型和专用型等。普通型热电阻一般包括电阻体、绝缘子、保护套管和接线盒等部分，见图4.2。

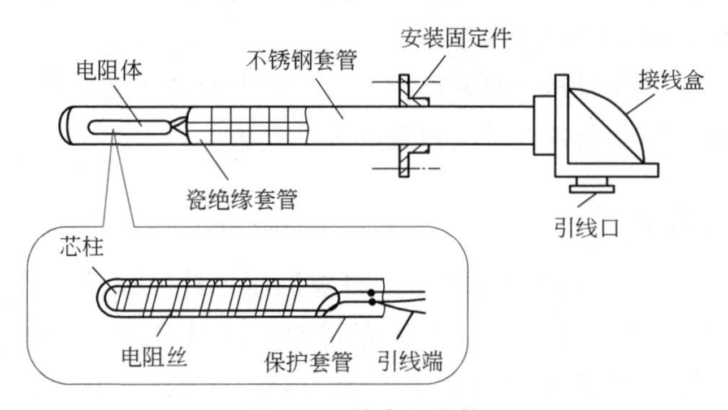

图4.2 热电阻结构

铠装热电阻将电阻体预先拉制成型并与绝缘体材料和保护套管连成一体，直径小，易弯曲，抗震性能好。

专用热电阻用于一些特殊的测温场合。如端面热电阻由特殊处理的线绕制而成，与一般热电阻相比，能更紧地贴在被测物体的表面；轴承热电阻带有防震结构，能紧密地贴在被测轴承表面，用于测量带轴承设备上的轴承温度。

热电阻的标定大体上可分为两大类：①直接测量热电阻的电阻值；②测出所选定的各个温度点的热电阻的示值温度，将该温度与标准温度计的示值温度做比较从而得出热电阻的误差。

4.1.4 热电偶、热电阻的安装及注意事项

热电偶与热电阻的安装，应注意有利于测温准确、安全可靠及维修方便，而且不影响设备运行和生产操作。要满足以上要求，在选择热电偶和热电阻的安装部位和插入深度时要注意以下两点：

① 为了使热电偶和热电阻的测量端与被测介质之间有充分的热交换，应合理选择测点位置，尽量避免在阀门、弯头及管道和设备的死角附近装设热电偶或热电阻。

② 带有保护套管的热电偶和热电阻有传热和散热损失，为了减少测量误差，热电偶和热电阻应该有足够的插入深度。对于测量管道中心流体温度的热电偶，一般都应将其测量端插入管道中心处。对于高温高压和高速流体的温度测量（如主蒸汽温度），为了减小保护套对流体的阻力和防止保护套在流体作用下发生断裂，可采取保护管浅插方式或采用热套式热电偶。

4.2 压力和压差测量

在化工生产和实验过程中，操作压力是非常重要的参数。例如，在精馏、吸收等化工单元操作中需要测量塔顶、塔釜的压力，以便检测塔的操作是否正常；泵性能实验中泵的进出口压力的测量，对于了解泵的性能和安装是否正确都是必不可少的。

化工生产和实验中测量的压力范围很广，要求的准确度各不相同，而且还常常测量高温、低温、强腐蚀及易燃易爆介质的压力。如果压力不符合要求，不仅会影响生产效率，降低产品质量，有时还会造成严重的生产事故。此外，压力测量的意义还不局限于其自身，有些其他参数的测量，如物位、流量等往往是通过测量压力或压差来进行的，即测出了压力或压差，便可以确定物位或流量。

压力测量仪表很多，按照其转换原理的不同可分为液柱式压力计、弹性式压力计、电气式压力计等。下面分类介绍各种常用测量仪表及方法。

4.2.1 液柱式压力计

液柱式压力计是根据流体静力学原理，将被测压力转换成液柱高度进行测量。既可用于测量流体的压力，又可用于测量流体管道两点间的压差。按其结构形式的不同，有U形管压力计、倒U形管压力计、斜管压力计、微差压力计等，具体结构及特性见表4.4。

表 4.4　液柱式压力计的结构及特性

名称	示意图	测量范围	静力学方程	备注
U 形管压力计	1 2 p_1 p_2 1′ 2′ Z M B R a a′ A	高度差 R 不超过 800mm	$\Delta p=(\rho_A-\rho_B)gR$（液体） $\Delta p=\rho gR$（气体）	零点在标尺中间，用前不需调零，常用于标准压力计校正
倒 U 形管压力计	a a′ R M 1 2 p_1 p_2 1′ 2′	高度差 R 不超过 800mm	$\Delta p=\rho gR$	以待测液体为指示液，适用于较小压差的测量
斜管压力计	p_1 p_2 R R_1 α	高度差 R 不超过 200mm	$\Delta p=\rho gR(\sin\alpha+S_1/S_2)$ 当 $S_1\ll S_2$ 时 $\Delta p=\rho gR_1\sin\alpha$	α 为 15°～20°时，改变 α 大小调整测量范围，零点在标尺下端
微差压力计	p_1 p_2 B C R A	高度差 R 不超过 500mm	$\Delta p=(\rho_A-\rho_C)gR$	U 形管中装有 A、C 两种密度相近的指示液，且两臂上方有扩大室，以便提高测量准确度

这类压力计结构简单，使用方便，但其精度受工作液的毛细管作用、密度及视差等因素的影响，测量范围较窄，一般用来测量较低压力、真空度或压差。

4.2.2　弹性式压力计

弹性式压力计是利用各种形式的弹性元件，在被测介质压力的作用下，使弹性元件受压后产生弹性变形的原理而制成的测压仪表。这种仪表具有结构简单、使用可靠、读数清晰、牢固可靠、价格低廉、测量范围宽以及有足够的精度等优点。若增加附加装置，如记录机构、电气变换装置、控制元件等，则可以实现压力的记录、远传、信号报警、自动控制等。弹性式压力计可以用来测量几百帕到数千兆帕范围内的压力，因此在工业上是应用最为广泛的一种测压仪表。

弹性元件是一种简易可靠的测压敏感元件。它不仅是弹性式压力计的测压元件，也经常用来作为气动单元组合仪表的基本组成元件。弹性式压力计中常用的弹性元件有弹簧管、膜片、膜盒、波纹管等，其中波纹膜片和波纹管多用于微压和低压测量，单圈和多圈弹簧管可用于高、中、低压直到真空度的测量。

弹簧管压力表的测量范围极广，品种规格繁多，按其所使用的测压元件不同，可有单圈弹簧管压力表与多圈弹簧管压力表。按其用途不同，除普通弹簧管压力表外，还有耐腐蚀的氨用压力表、禁油的氧气压力表等。

4.2.3 电气式压力计

电气式压力计是一种能将压力转换成电信号进行传输及显示的仪表。它一般由压差传感器、测量电路和信号处理装置所组成。常用的信号处理装置有指示仪、记录仪以及控制器、微处理机等。压差传感器的作用是把压力信号检测出来，并转换成电信号进行输出，当输出的电信号能够被进一步变换为标准信号时，压差传感器又称为压差变送器。常用的有霍尔片式压差传感器、应变片式压差传感器和电容式压差变送器等。

（1）霍尔片式压差传感器

霍尔片式压差传感器根据霍尔效应制成，即利用霍尔元件将压力所引起的弹性元件的位移转换成霍尔电势，从而实现压力的测量。

霍尔片为一半导体（如锗）材料制成的薄片。如图 4.3 所示，在霍尔片的 Z 轴方向加一磁感应强度为 B 的恒定磁场，在 Y 轴方向加一外电场（接近直流稳压电源），便有恒定电流沿 Y 轴方向通过。电子在霍尔片中运动（电子逆 Y 轴方向运动）时，由于受电磁力的作用，而使电子的运动轨道发生偏移，造成霍尔片的一个端面上有电子积累，另一个端面上正电荷过剩，于是在霍尔片的 X 轴方向上出现电位差，这一电位差称为霍尔电势，这样一种物理现象就称为“霍尔效应”。

霍尔电势的大小与半导体材料、所通过的电流（一般称为控制电流）、磁感应强度以及霍尔片的几何尺寸等因素有关，可用下式表示

$$U_H = R_H B I \tag{4.4}$$

式中 U_H——霍尔电势；

R_H——霍尔常数，与霍尔片材料、几何形状有关；

B——磁感应强度；

I——通过电流。

由式(4.4) 可知，霍尔电势与磁感应强度和电流成正比，随它们的增大而增大。但两者都有一定的限度，一般 I 为 3～20mA，B 约为几千高斯，所得的霍尔电势 U_H 约为几十毫伏数量级。

将霍尔元件与弹簧管配合，就组成了霍尔片式弹簧管压差传感器，如图 4.4 所示。被测压力由弹簧管的固定端引入，弹簧管的自由端与霍尔片相连接，在霍尔片的上下方垂直

安放两对磁极，使霍尔片处于两对磁极形成的非均匀磁场中，霍尔片的四个端面引出四根导线，其中与磁钢相平行的两根导线和直流稳压电源相连接，另两根导线用来输出信号。当被测压力引入后，在被测压力作用下，弹簧管自由端产生位移，因而改变霍尔片在非均匀磁场中的位置，使产生的霍尔电势与被测压力成比例，利用这一电势即可实现压力的测量。

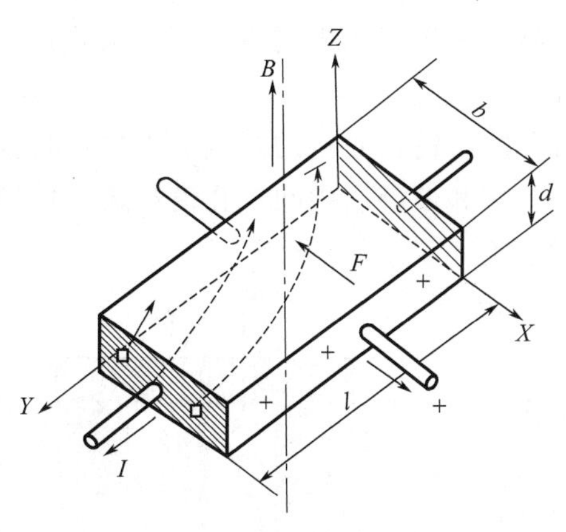

图 4.3　霍尔效应示意

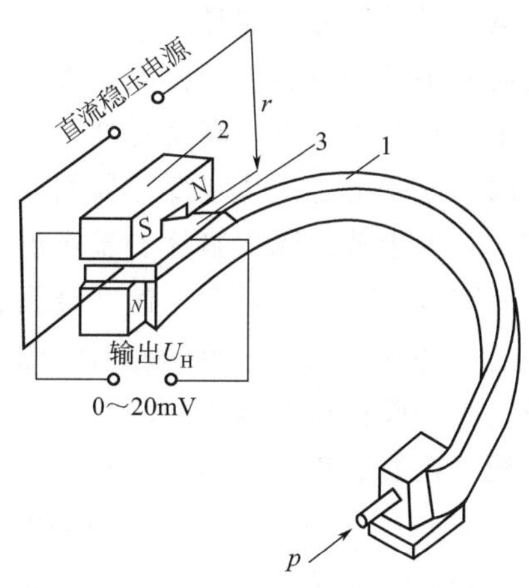

图 4.4　霍尔片式弹簧管压差传感器

1—弹簧管；2—磁钢；3—霍尔片

（2）应变片式压差传感器

应变片式压差传感器是利用电阻应变原理构成的。电阻应变片有金属应变片（金属丝或金属箔）和半导体应变片两类。被测压力使应变片产生应变。当应变片产生压缩应变时，其阻值减小；当应变片产生拉伸应变时，其阻值增加。应变片阻值的变化，再通过桥式电路获得相应的毫伏级电势输出，并用毫伏计或其他记录仪表显示出被测值，从而组成应变片式压力计。

图 4.5 是一种应变片式压差传感器的原理图。应变筒的上端与外壳固定在一起，下端与不锈钢密封膜片紧密接触，应变片 r_1 沿应变筒轴向贴放，r_2 沿径向贴放。当被测压力 p 作用于膜片而使应变筒因轴向受压变形时，沿轴向贴放的应变片 r_1 也将产生轴向压缩

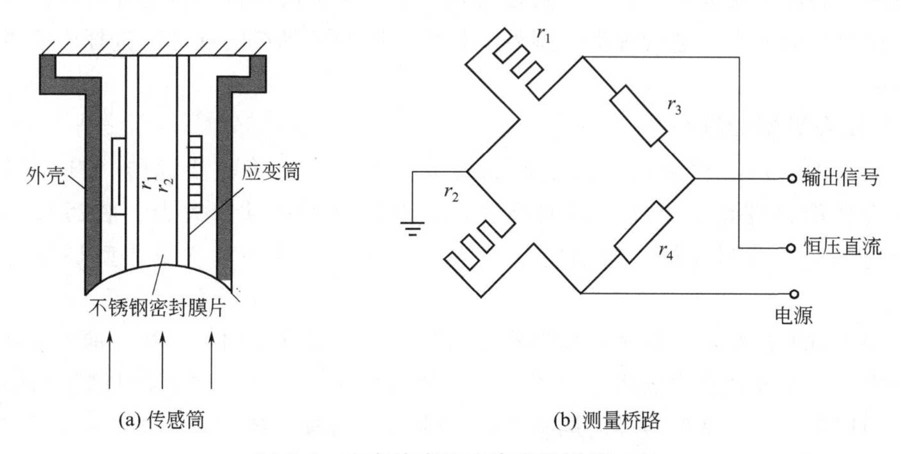

图 4.5　应变片式压差传感器测量示意

应变 ε_1，于是 r_1 的阻值变小。而沿径向贴放的应变片 r_2，由于本身受到横向压缩将引起纵向拉伸应变 ε_2，于是 r_2 阻值变大。但由于 ε_2 比 ε_1 小，所以实际上 r_1 的减少量要比 r_2 的增加量大。然后通过桥式电路获得相应的电势输出，并用毫伏计或其他记录仪表显示出被测压力。

（3）电容式压差变送器

电容式压差变送器是先将压力的变化转换为电容量的变化，再进行测量。电容式压差变送器采用差动电容作为检测元件，无杠杆机构。整个变送器无机械传动、调整装置，结构简单，具有高精度、高稳定性、高可靠性和高抗振性。

图 4.6 是电容式压差变送器的原理。将左右对称的不锈钢底座的外侧加工成环状波纹沟槽，并焊上波纹隔离膜片。基座内侧有玻璃层，基座和玻璃层中间有孔道相通。玻璃层内表面磨成凹球面，球面上镀有金属膜，此金属膜层有导线通往外部，构成电容的左右固定极板。在两个固定极板之间是弹性材料制成的测量膜片，作为电容的中央动极板，在测量膜片两侧的空腔中充满硅油。当被测压力 p_1 和 p_2 分别加于左右两侧的隔离膜片时，通过硅油将压差传递到测量膜片上，使其向压力小的一侧弯曲变形，引起中央动极板与两边固定电极间的距离发生变化，因而两电极的电容量不再相等，而是一个增大另一个减小。电容的变化量通过引线传至测量电路，通过测量电路的检测和放大，输出一个 4～20mA 直流电流信号。

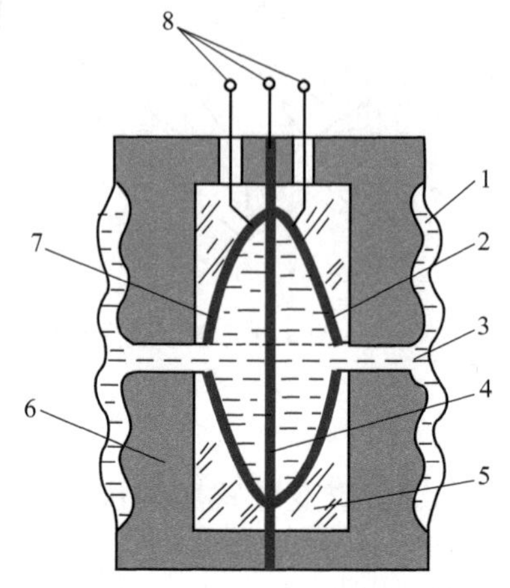

图 4.6 电容式压差变送器原理

1—隔离膜片；2,7—固定电极；3—硅油；4—测量膜片；5—玻璃层；6—底座；8—引线

电容式压差变送器的结构可以有效地保护测量膜片，当压差过大并超过允许测量范围时，测量膜片将平滑地贴靠在玻璃凹球面上，因此不易损坏，过载后的恢复特性很好，大大提高了过载承受能力。

4.2.4 压力仪表的选用及安装

选用和安装压力仪表是否合适，直接影响测量结果的准确性和压力计的使用寿命。需要本着经济合理的原则，进行种类、型号、量程、准确度等级的选择。选择时主要考虑以下三个方面。

（1）仪表类型的选用

仪表类型的选用必须满足工艺生产的要求。例如，是否需要远传、自动记录或报警；被测介质的物理化学性能（诸如腐蚀性、温度高低、黏度大小、脏污程度、易燃易爆性能等）是否对测量仪表提出特殊要求；现场环境条件对仪表类型是否有特殊要求等。

如果要求就地指示，一般选用弹性式压力计即可。对常用的水、气、油可采用普通弹簧管式压力计；特殊介质要选用专用压力计，如氨用压力计，弹簧管的材料要选用碳钢，不允许采用铜合金；在易燃易爆的危险场所，应选用防爆型压力计。如果要求信号远传，一般选用传感式压力计。

（2）仪表测量范围的确定

在测量压力时，为了延长仪表的使用寿命，避免弹性元件因受压力过大而损坏，压力计的上限值应该高于工艺生产中可能的最大压力值。在测量稳定压力时，最大的工作压力不应超过测量上限值的 2/3；测量脉动压力时，最大的工作压力不应超过测量上限值的 1/2；测量高压压力时，最大的工作压力不应超过测量上限值的 3/5。为了保证测量值的准确度，所测压力值不能太接近仪表的下限值，亦即仪表的量程不能选得太大，一般被测压力的最小值不低于仪表满量程的 1/3 为宜。

（3）仪表精度级的选取

仪表精度是根据工艺生产上所允许的最大测量误差来确定的。一般来说，所选用的仪表越精密，则测量结果越精确、可靠。但不能认为选用的仪表精密度越高越好，因为精密度越高的仪表，价格越贵，操作和维护困难。因此，在满足工艺要求的前提下，应尽可能选用精度较低、价格低廉的仪表。

压力计的正确安装与否，直接影响到测量结果的准确性和压力计的使用寿命。安装时注意以下几点。

（1）测压点的选择

所选择的测压点应能反映被测压力的真实大小。

① 要选在被测介质直线流动的管线部分，不要选在管路拐弯、分叉、死角或其他易形成旋涡的地方。

② 测量流动介质的压力时，应使取压点与流动方向垂直，取压管内端面与生产设备连接处的内壁应保持平齐，不应有突出物和毛刺。

③ 测量液体压力时，取压点应在管道下部，使导压管内不积存气体，测量气体压力时，取压点应在管道上方，使导压管内不积存液体。

（2）导压管的铺设

① 导压管粗细要合适，一般内径为 6～10mm，长度应尽可能短，最长不得超过 50m，以减少压力指示的迟缓。

② 导压管水平安装时应保证有 1∶10～1∶20 的倾斜度，以利于积存于其中的液体的排出。

③ 当被测介质易冷凝或冻结时，必须加设保温伴热管线。

④ 取压口到压力计之间应装有切断阀，以备检修压力计时使用，切断阀应装设在靠近取压口的地方。

（3）压力仪表的安装

① 压力计应安装在易观察和检修的地方。

② 安装地点应力求避免振动和高温影响。

③ 测量蒸汽压力时，应加装凝液管，以防止高温蒸汽直接与测压元件接触。

④ 压力计的连接处应根据被测压力的高低和介质性质，选择适当的材料，作为密封垫片，以防泄漏。

⑤ 当被测压力较小，而压力仪表与取压口又不在同一高度时，对由此高度引起的测量误差应进行修正。

⑥ 为安全起见，测量高压的压力计除选用有通气口外，安装时表壳应向墙壁或无人通过之处，以防发生意外。

4.3 流量测量

化工生产中，流体流速和流量是了解液体传输的重要参数，是控制整个化工过程定态操作的基础。

在实际化工生产过程中可以使用的流量测量仪器有很多，常用的流量测量仪器主要为以下几种：测速管、孔板流量计、文丘里流量计、转子流量计。另外，为了获得精确的流体流量，在流量计的使用过程中还需要考虑到读数误差、流量计性能、流体特性、安装条件及周围环境等其他问题。

4.3.1 测速管

测速管又叫做毕托管，是测量管截面任意位置的流速的测速装置，是测量点速度的理想装置。它是由 U 形管测压计连接一根 90°的弯管，U 形管的 A 端平行于流体流动方向，如图 4.7 所示，另一端 B 端与流体流动方向垂直，因此作用于 B 端的压力除了流体压力以外，还有流体的相应的动能。

4.3.2 孔板流量计

孔板流量计是利用节流装置测量流量的，如图 4.8 所示，在孔板流量计中采用与管壁垂直的圆孔金属板，其圆孔的直径小于管径，且孔口的中心与管道的中心重合。

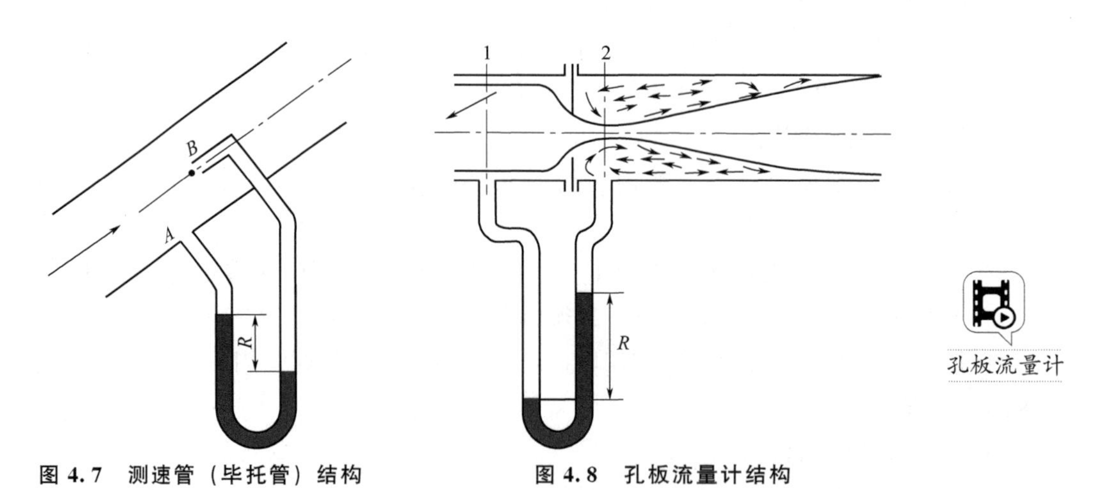

图 4.7 测速管（毕托管）结构　　图 4.8 孔板流量计结构

当流体流过孔板流量计孔口时，由于流体自身的惯性作用，流体截面不会立刻扩大到管截面处，但会逐渐地扩大到管截面处。流动截面的收缩导致孔口后形成缩脉现象，缩脉处的流体动能最高，相应地根据机械能守恒，静压能最低，从而引起动能和静压能的变化。当流体流经缩脉的过程中，压差变化显著，且流体流速越快，压差越大。可以利用测量压差的办法，根据伯努利方程，选择缩脉取压的方式，将测定的静压差和相应的动能进行关联计算，可得出流体流量的大小。计算公式如下

$$q_V = S_0 u_0 = C_0 S_0 \sqrt{2(p_1 - p_2)/\rho} \tag{4.5}$$

式中 S_0——孔板孔口截面积，m^2；

C_0——孔流系数，无量纲量；

ρ——被测流体的流体密度，kg/m^3；

$p_1 - p_2$——测压点的静压差，Pa；

q_V——体积流量，m^3/s；

u_0——孔口流速，m/s。

4.3.3 文丘里流量计

文丘里流量计也叫文氏管流量计，是一种与孔板流量计原理完全相同的节流式流量计，其结构如图4.9所示。

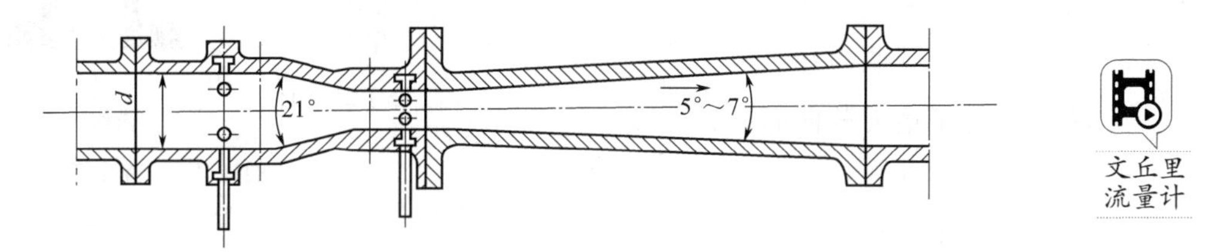

文丘里
流量计

图4.9 文丘里流量计结构

文丘里流量计测压口后方存在一个渐缩段，其张开角度约为21°，其中孔径最细的喉管处距测压口约为0.5管径大小，测压口与喉管处的压差采用压差计测出，当流体流出喉管处进入渐扩段，其张开角度为5°～7°。由于存在渐缩段和渐扩段，流速在管道内改变速度平缓，减少涡流的产生，喉管处转化的动能可以在降低阻力损耗的情况下转化为静压能，使该流量计的阻力小于孔板流量计，能量损耗更小。文丘里流量计的测量流量的计算公式如下

$$q_V = u_v S_v = C_v S_v \sqrt{2(p_1 - p_2)/\rho} \tag{4.6}$$

式中 C_v——孔流系数，无量纲；

S_v——喉径处截面积，m^2。

文丘里流量计的优点是在流量测量的过程中可以减少阻力消耗，但是由于喉管等部件的加工需要精确的尺寸，对加工精度的要求高，因此造价较贵。

4.3.4 转子流量计

转子流量计的结构如图4.10所示。结构1为从高到低截面积由大变小的带有刻度的玻璃管，具有一定的锥度。内部封装一个可以自由漂浮的转子4，其常用的材质为金属或玻璃，直径略小于结构1的内径，被测流体由下流入，由上流出，带动转子测量被测流体的流量。

当流体流经转子时，转子受到流体推动力、转子自身重力和浮力三个力的作用，推动力的产生主要依靠流体流经转子与玻璃管之间的环形截面时产生的压差。推动力和浮力的方向垂直向上，自身重力垂直向下。当推动力与浮力的合力大于自身重力时，转子上升，流体托举着转子使环形截面变大，从而降低垂直向上的推动力和浮力的合力，使转子能够保持平

衡；反之，当推动力与浮力的合力小于自身重力时，转子下降，同时降低环形截面的面积，环形截面面积的变小将导致压差的升高，使垂直向上的推动力和浮力增大，来平衡转子的自身重力，当推动力与浮力的合力与自身重力平衡的时候，转子能够保持稳定状态平衡。其停留位置对应的刻度数即为转子流量计的流量，流体的流量越高，其相对于结构 1 的位置越高。转子流量计的计算公式如下

$$q_V = u_v S_{环} = C_R S_{环} \sqrt{2gV_f(p_1 - p_2)/S_f \rho} \tag{4.7}$$

其中 $S_{环} = S_1 - S_f$， $C_R = \sqrt{1-\left(\frac{S_{环}}{S_1}\right)^2}$

式中 $S_{环}$——环形截面面积，m^2；

S_1——玻璃管截面积，m^2

S_f——转子最大截面面积，m^2；

C_R——校正系数；

V_f——转子体积，m^3。

转子流量计

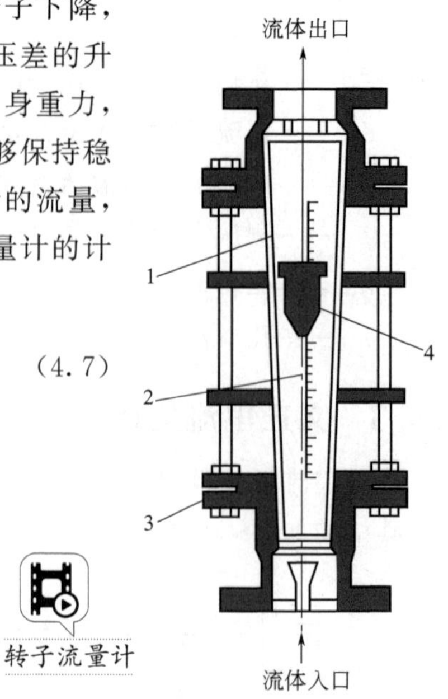

图 4.10 转子流量计结构

1—锥形硬玻璃管；2—刻度；3—盖板；4—转子

4.3.5 涡轮流量计

涡轮流量计属于速度式流量计的一种，如图 4.11 所示，其核心结构为一个可以被流体驱动旋转的涡轮叶片。工作过程中，流体驱动叶轮旋转，流量越大则流速越快，涡轮叶片的旋转速度也越快，利用旋转速度与体积流量的对应关系即可实现流量的测量。工作时涡轮流量计先将流速转换为涡轮转速，再将转速转换成与流量成正比的电信号，可以很方便地检测瞬时流量和总的体积流量。涡轮流量计的测量精度高，重复性和稳定性好，量程范围宽，对流量变化反应迅速，同时也具有较强的抗干扰能力。

涡轮流量计

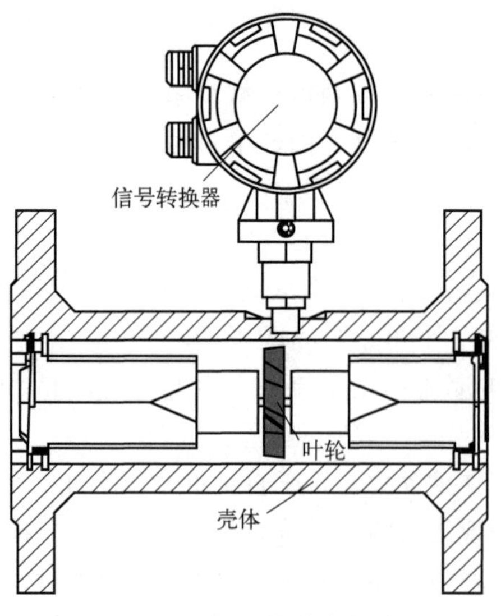

图 4.11 涡轮流量计内部结构

4.3.6　流量计的选用及安装

选择流量计的原则首先是要深刻地了解各种流量计的结构原理和流体特性等方面的知识，同时还要根据现场的具体情况及考察周边的环境条件进行选择，也要考虑到经济方面的因素。一般情况下，主要应从下面几个方面进行选择。

（1）流量计的性能要求

主要包括：就地指示还是远程传输显示；测量流量（瞬时流量）还是总量（累积流量）；准确度要求；重复性；线性度；流量范围；压力损失；输出信号特性和流量计的响应时间等。

（2）流体特性

在流量测量中由于各种流量计总会受到流体物性中某一种或几种参量的影响，所以流体的物性很大程度上会影响流量计的选型。因此，所选择的测量方法和流量计不仅要适应被测流体的性质，还要考虑测量过程中流体物性某一参量变化对另一参量的影响。比如，温度变化对液体黏度的影响。

（3）安装要求

安装问题对不同原理的流量计要求是不一样的。有些流量计，比如差压式流量计、速度流量计，按规程规定在流量计的上、下游需配备一定长度的直管段，以保证流量计进口端前流体流动达到充分发展。而另一些流量计，比如容积式流量计、转子流量计等则对直管段长度就没有要求或要求较低。

流量计因受安装的影响而产生一定的误差，一般常见的问题有下面几种：

① 把差压式流量计孔板的进口面反装；

② 测量流量的装置安装在流速分布剖面不良的场所；

③ 连接到差压装置的引压管中存在不希望存在的相；

④ 流量计流动方向安装错误；

⑤ 流量计安装在有害的环境或不易接近的地方；

⑥ 流量计或电信号传输线置于强电磁场下；

⑦ 将易受振动干扰的流量计安装在有振动的管道上；

⑧ 缺少必要的防护性配件。

（4）环境条件

在选流量计的过程中不应忽略周围条件因素，比如环境湿度、温度、安全性、电气干扰等。

此外，还要从流量计购置费用、安装费用、运行费用等经济因素进行考虑。

第5章

基本实验

扫码观看实验1～
实验8讲解视频

实验1 流体阻力实验

流体的重要特点在于它的流动性，即流体内部质点之间产生相对位移，真实流体质点的相对运动表现出剪切力，又称内摩擦力，流体与管壁面的摩擦亦产生摩擦阻力，以上阻力统称为直管阻力。此外，流体在管内流动时，还要受到管件、阀门等局部阻碍而增加的流动阻力，称为局部阻力。

1. 实验目的

① 掌握流体流过管路系统时阻力的测定方法；

② 测定流体流过圆形直管的阻力，确定摩擦系数和流体流动雷诺数之间的关系；

③ 测定管件的局部阻力，确定局部阻力系数。

2. 实验原理

流体流过管路时，由于流体黏性作用和涡流的影响产生阻力，流体需克服阻力即消耗一定的机械能。流体损失的机械能常称为阻力，习惯称为压降，分别用 Δp_f、R 或 h_f 表示。

流体流过直管损失的机械能称为直管阻力，其大小与管长、管径、流体流速和摩擦系数等有关。而流体流过管件和阀门的阻力称为局部阻力，它由流体通过管件、阀门时流道的突然变化所引起，与管件、阀门的结构及流体的动能有关。

（1）直管摩擦系数 λ 的测定

直管阻力可以由范宁公式计算

$$\Delta p_f=\lambda \frac{l}{d}\times\frac{\rho u^2}{2} \quad 或 \quad R=\lambda \frac{l}{d}\times\frac{u^2}{2} \quad 或 \quad h_f=\lambda \frac{l}{d}\times\frac{\rho u^2}{2g} \tag{5.1}$$

式中 Δp_f——以压降表示的阻力，N/m^2；

R——以能量损失表示的阻力，J/kg；

h_f——以压头损失表示的阻力，m 液柱；

l,d——分别为管长和管径，m；

ρ——流体密度，kg/m^3；

u——流体平均流速，m/s；

λ——摩擦系数，量纲为1。

摩擦系数 λ 与流体流动类型有关。不同的流动类型，由于内部流动结构不同，阻力产生的原因不同，λ 所服从的规律也不同。层流流动阻力主要由流体层之间的黏性剪应力引起，理论推导可得

$$\lambda = \frac{64}{Re} \tag{5.2}$$

式(5.2) 与实验研究结果一致。由此可知，层流流动时 λ 仅为雷诺数 Re 的函数，与管壁粗糙度 ε 无关。

湍流时，由于流体流动的复杂性和管壁粗糙度的影响，λ 的计算采用量纲分析的方法将影响阻力的诸因素整理成如下量纲为 1 的数群关系式

$$\lambda = f(Re, \varepsilon/d) \tag{5.3}$$

并通过实验确定函数的具体形式，用于工程计算。由式(5.3) 可知，湍流时 λ 是 Re 和管壁相对粗糙度 ε/d 的函数，此函数的具体形式通过实验测定。

许多学者实验研究了上述函数关系，其中较简单的是柏拉修斯（Blasius）公式

$$\lambda = \frac{0.3164}{Re^{0.25}} \tag{5.4}$$

式(5.4) 适用于光滑管，Re 在 $2500 \sim 1 \times 10^5$。对粗糙管 λ 与 Re 的关系，可见相应教材或设计手册。

本实验拟在管长、管径和管壁粗糙度一定的条件下，测定不同流量的水流过水平直管的阻力 $\Delta p_f = p_1 - p_2$，求得 λ 和 Re 值，考察两者之间的关系。

（2）局部阻力系数 ξ 的测定

局部阻力有两种表示方法，即当量长度法和局部阻力系数法。其中局部阻力系数法的计算公式为

$$\Delta p_f = \xi \frac{\rho u^2}{2} \tag{5.5}$$

式中，ξ 为局部阻力系数，量纲为 1。它与管件的几何形状和 Re 有关。当 Re 大于一定值时，ξ 为定值，仅取决于管件的结构，与 Re 无关。各种管件的局部阻力系数 ξ 也都由实验测定。本实验拟取不同的水流量，测定阀门和管径突然缩小的局部阻力，并计算 ξ 值。

3. 实验装置

本实验装置如图 5.1 所示，主体设备包括水箱、离心泵、计量槽、流量调节阀、流量计、测试管段和压差变送器，同时配备了高位槽用于层流实验。实验过程中的流量通过不同的流量调节阀调节，流量大小由两个不同量程的流量计以及一个转子流量计分别测定，流动阻力则由连接在测试管段上的压差变送器测量得到，流体温度由安装在水箱上的温度传感器测得。本实验装置的主要特点包括：

① 采用可更换的测试管段，包括不同内径的光滑管、粗糙管、球阀管、管径突缩管、文丘里流量计管、孔板流量计管等，用于不同类型的直管阻力测定和不同管件的局部阻力测定。测试管段的尺寸见表 5.1。测试管段通过活接头与实验装置连接，可以根据实验需求拆卸和更换。

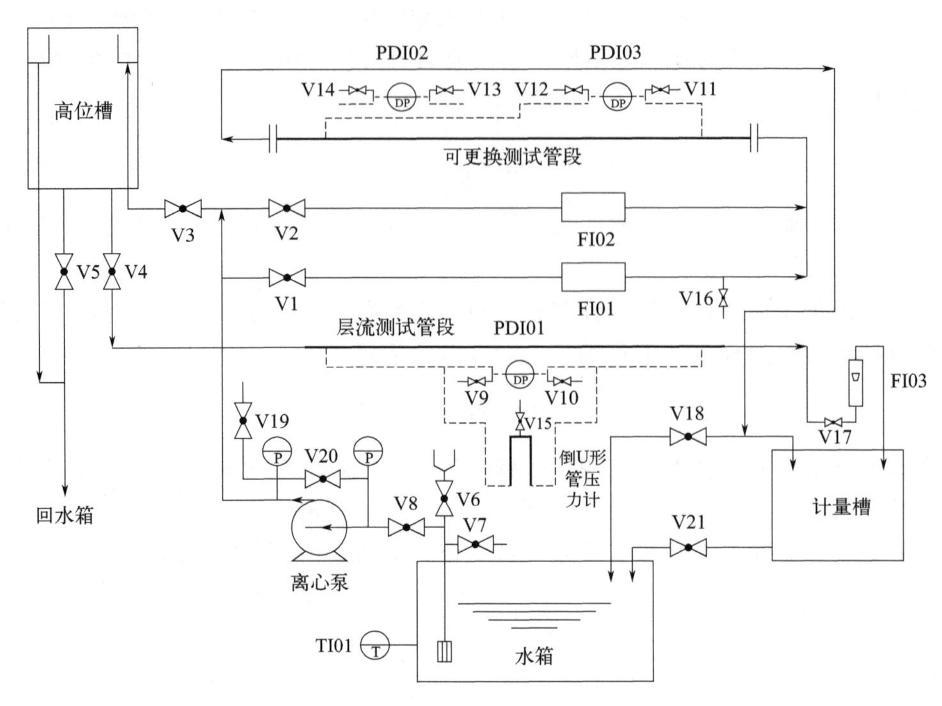

图 5.1 流体阻力实验流程图

V1，V2—流量调节阀；V3—高位槽上水阀；V4—高位槽底阀；V5—高位槽排液阀；V6—灌泵阀；V7—离心泵排液阀；V8—入口阀；V9～V14—压差变送器排气阀；V15—U形管压力计排气阀；V16—管路排液阀；V17—层流管流量调节阀；V18—回水阀；V19—灌泵排气阀；V20—离心泵进出口压力测量管排气阀；V21—计量槽排水阀

表 5.1 测量管路相关尺寸

类型	序号	名称	尺寸
固定	1	不锈钢层流直管	内径 ϕ4mm，测点长 1300mm
可更换	2	细管	内径 ϕ15mm，测点长 1000mm
	3	粗管	内径 ϕ20mm，测点长 1000mm
	4	球阀管	内径 ϕ15mm，PVC 球阀
	5	突缩管	内径 ϕ25mm 转 ϕ15mm，四个测点
	6	粗糙细管	内径 ϕ15mm，测点长 1000mm
	7	粗糙粗管	内径 ϕ20mm，测点长 1000mm
	8	文丘里流量计管	$d_0=20$mm，$A_0/A_1=0.714$
	9	孔板流量计管	$d_0=20$mm，$A_0/A_1=0.599$

② 设置两套并联的流量调节与测量管路，用于拓宽流量测定范围，其中大流量计 FI01 量程为 0.5～10m^3/h，小流量计 FI02 量程为 0.06～0.8m^3/h，实验过程中根据流量需求选择使用。

③ 单独设置了层流测试系统，该系统由高位槽、层流测试管段和转子流量计构成，用于小流量条件下的层流阻力测试。高位槽供液可有效避免流量波动和离心泵工作时振动

对实验测试的影响。层流流动的直管阻力通过压差变送器 PDI01 直接测定，同时并联了倒U形管压力计作为拓展使用。

④ 针对局部阻力的测试设置了特殊的取压方式和测量方法，以消除取压点和管件间直管段的阻力对局部阻力测量结果的影响。如图5.2所示，以管径突然缩小的局部阻力测试为例，如果直接在管径突缩部位的两侧取压，测得的压降 Δp_1 实际上包含了 l_1 和 l_2 小段的直管阻力。为了消除该部分直管阻力的影响，在2倍管长的位置开孔取压，并通过图5.2中的连接形式测得外部的压降 Δp_2，则 Δp_2 实际上由局部阻力和 $2l_1$、$2l_2$ 小段直管阻力共同组成。因此，可以按照以下公式计算得到实际的局部阻力

$$\Delta p_f = 2\Delta p_1 - \Delta p_2 \tag{5.6}$$

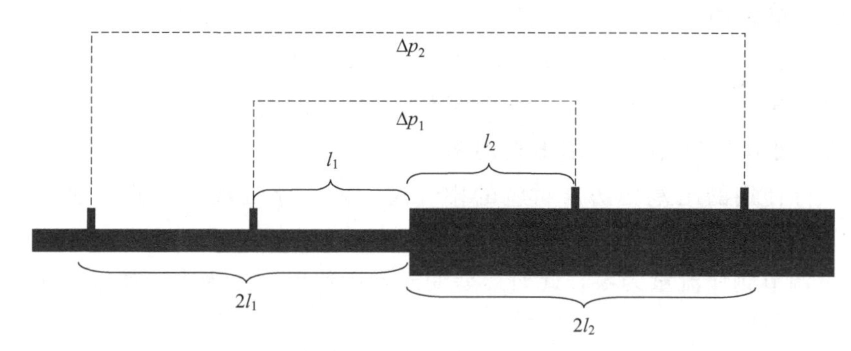

图5.2 局部阻力测试时的取压方式及测量原理

本实验装置安装了 PDI02 和 PDI03 两个压差变送器，在测量局部阻力时按需连接使用即可。在开展直管阻力测试时，连接 PDI02 和 PDI03 中的任意一个均可。

实验过程中，流体经离心泵泵送后，可按以下三种流向输送，以实现不同的测试目标。

① 流经流量范围较大的流量计 FI01，然后流过可更换测试管段，最后返回水箱。该流向主要针对大流量工况，尤其是针对湍流、局部阻力测量等大多数实验测试内容。

② 流经流量范围较小的流量计 FI02，然后流过可更换测试管段，最后返回水箱。该流向主要针对流量较小的测试内容，例如从过渡流向湍流过渡的流量范围。

③ 通过高位槽上水阀向高位槽供液，用于层流测试。此时一般建议在高位槽积累足够液位后关闭离心泵，直接利用高位槽开展层流实验。水从高位槽流出，进入层流测试管段，最后返回水箱。

4. 实验要求

① 根据实验内容的要求和流程，拟定实验步骤。

② 根据流量范围和流动类型划分，大致确定实验点的分布。

③ 经指导老师同意后，可以开始按拟定步骤进行实验操作。

④ 在获取必要数据后，经指导教师检查同意后可停止操作。将装置恢复到实验前的状态。

⑤ 数据处理：根据测定数据计算 λ 和 Re，在双对数坐标纸上标绘二者的关系，并与教材上的图线相比较，或按经验式关联，并与层流理论式和湍流柏拉修斯公式比较；计算局部阻力系数，取平均值和教材相关数据比较。

5. 实验步骤

（1）更换测试管段

首次实验测试完成后，需要拆除并更换新的待测管段。首先拔出测试管段上连接的导压软管，然后打开两侧的活接头，取下测试管段后重新安上新的测试管段，并按需连接好导压软管。

（2）灌泵

启动离心泵前应检查是否需要灌泵。观察到离心泵内未充满液体时，打开灌泵阀和灌泵排气阀，通过灌泵阀上方的加液漏斗向泵内灌注液体，灌满后关闭灌泵阀和灌泵排气阀。

（3）离心泵启动

启动离心泵，然后缓慢打开待使用管路上的流量调节阀，逐步调大流量并排出管路中的气泡。本实验装置旁路较多，需注意保持其他旁路上的阀门关闭。

（4）压差变送器管路气泡排出与清零

打开与实际使用的压差变送器对应的排气阀，排出导压软管中的气泡，然后关闭排气阀。

关闭流量调节阀使流量为零，此时压差变送器读数也应该为零。如果存在偏移，使用清零功能实现参数归零。

本实验装置使用 3 个压差变送器，单个实验项目中视测试需要使用其中的 1～2 个，排出气泡和清零仅需对实际使用的压差变送器操作即可。另外，每次更换管件后均需完成气泡排出和清零操作。

（5）流动阻力测试与数据记录

再次缓慢打开流量调节阀，将流量调整至目标值，参数稳定后记录实验数据。此后改变流量，重复实验数据记录工作，直至完成本实验项目。

直管阻力实验建议测试 8～10 组数据，局部阻力实验建议测试 4～6 组数据。

（6）高位槽使用及层流流动阻力测试

层流流动阻力实验需用到高位槽，测试所使用的不锈钢层流管和压差变送器为固定安装，直接使用即可。操作时，启动离心泵，打开高位槽上水阀向高位槽注水，待高位槽积累一定液位后关闭上水阀和离心泵。然后依次打开高位槽底阀和层流管流量调节阀，依次完成排气泡、清零工作。再次打开层流管流量调节阀调节流量至目标值，参数稳定后记录实验数据。此后改变流量，重复实验数据记录工作，直至完成本实验项目。层流阻力实验建议测试 4～6 组实验数据。

（7）结束实验

关闭流量调节阀，关闭离心泵，结束实验。

6. 注意事项

① 实验测试前，一定要将系统中的气体排净。

② 每次更换测试管段后，需要排出导压管中的气泡并完成压差变送器清零。

③ 应注意不同流量计和测试内容的合理搭配，以确保测试的流量能够满足不同流型的测试需求。

④ 在测试局部阻力时，需要注意2个压差变送器、4个导压管的正确连接方式和数据处理方法。

7. 思考题

① 在测量前为什么要将设备中的空气排净，怎样才能迅速地排净？

② 在不同设备（包括相对粗糙度相同而管径不同）、不同温度下测定的 λ-Re 数据能否关联在一条曲线上？

③ 为了增加雷诺数 Re 的范围，本实验采取了哪些措施？

④ 测出的直管摩擦阻力与设备的放置状态有关吗？为什么？

⑤ 以水为工作流体所测得的 λ-Re 关系能否适用于其他种类的牛顿型流体？为什么？

8. 实验记录

实验中需测试不同尺寸直管的流动阻力（包括层流管、细管、粗管等）以及不同管件的局部阻力（如球阀和管径突缩等）。参照下表，根据具体实验内容记录相应的实验数据，并根据需要自行拓展表格。考虑到实验过程中水温可能存在变化，建议每完成一个实验项目时均记录一次水温。

姓名：________ 班级：________ 学号：________ 实验日期：________________

同组人：________________ 指导教师：________________________

（1）直管阻力

直管类型或参数：____________________ 水温：________℃

序号	流量/(m^3/h)	Δp_f/kPa	Re	λ
1				
2				
3				
4				
5				
6				
7				
8				
9				
10				

（2）局部阻力

管件类型或参数：__________________ 水温：________℃

序号	流量/(m^3/h)	Δp_1/kPa	Δp_2/kPa	Δp_f/kPa	Re	ξ
1						
2						
3						
4						
5						

续表

序号	流量/(m^3/h)	Δp_1/kPa	Δp_2/kPa	Δp_f/kPa	Re	ξ
6						
7						
8						
9						
10						

实验 2 流量计校正及离心泵综合实验

为了将流体由低能位向高能位输送，必须使用各种流体输送机械（设备）。用以输送流体的设备统称为泵，化工生产中涉及的流体种类繁多、性质各异，对输送的要求也相差悬殊。为满足不同输送任务的要求，出现了多种形式的输送设备。离心泵是化工生产中应用最广泛的液体输送设备，其特点是结构简单、流量均匀、操作方便等。当我们了解离心泵的基本结构、工作原理，掌握泵的操作方法，得到泵的性能参数时，才能正确使用离心泵。在生产中有时需要将多台泵并联或串联在管路中运转，目的在于增加系统中的流量或压头。串、并联操作方式的选择，取决于生产中流量和压头要求、单泵的特性及管路的特性。一般情况下，对于低阻输送管路，选用并联组合比较适宜；对于高阻输送管路，串联组合更适宜。

流体的速度和流量是化工生产中的重要参数之一，为保证操作连续稳定进行，常常需要测量流量，并进行控制及调节。文氏管流量计和孔板流量计是化工生产中常用的节流式流量计，其工作原理是基于机械能衡算方程中动能和静压能相互转换，利用文氏管喉径和孔板节流孔前后的压差测定流量。

1. 实验目的

① 熟悉节流式流量计的构造和应用；

② 掌握流量计的流量校正方法；

③ 通过流量计流量系数的测定，了解流量系数与雷诺数的关系；

④ 了解离心泵的构造，熟悉其操作和调节方法；

⑤ 测定一定转速下离心泵特性曲线；

⑥ 测定单泵运行时管路特性曲线；

⑦ 测定两台泵串并联特性曲线。

2. 实验原理

（1）流量计校正

① 孔板流量计测量原理　当流体流经孔板流量计的孔口时，流通截面突然收缩，流经孔板小孔后的流股在惯性作用下还将继续收缩一定距离，流体在孔口后 1/3～2/3 管径处形成缩脉。根据流体流动的机械能衡算式和连续性方程导出孔板流量计的流量和压差之间的关系

$$\frac{p_1}{\rho g}+\frac{u_1^2}{2g}=\frac{p_2}{\rho g}+\frac{u_2^2}{2g} \tag{5.7}$$

式中，因为缩脉处的实际截面积无法直接测出，而孔口截面 S_0 为已知，所以流速 u_2 以孔口处流速 u_0 代替，同时，考虑到实际流体流经孔板的阻力不能忽略，故引入校正系数 C 来校正上述各因素的影响，则式(5.7) 可写成

$$\sqrt{u_0^2-u_1^2}=C\sqrt{\frac{2\Delta p}{\rho}} \tag{5.8}$$

根据不可压缩流体的连续性方程式，有

$$u_1=\frac{S_0}{S_1}u_0 \tag{5.9}$$

将式(5.9) 代入式(5.8)，整理得

$$u_0=C_0\sqrt{\frac{2\Delta p}{\rho}} \tag{5.10}$$

式中，$C_0=\dfrac{C}{\sqrt{1-\left(\dfrac{S_0}{S_1}\right)^2}}$，称为流量系数或孔流系数。

则管内流体的体积流量为

$$q_V=S_0u_0=C_0S_0\sqrt{2(p_1-p_2)/\rho} \tag{5.11}$$

式中　S_0——孔板孔口截面积，m^2；

C_0——孔流系数，量纲为1；

ρ——被测量流体的密度，kg/m^3；

p_1，p_2——测压点的静压能，Pa；

q_V——体积流量，m^3/s；

u_0——孔口流速，m/s。

孔流系数由实验测定，是流量雷诺数 Re（以管内径计算）和孔径与管内径的比 d_0/d_1 的函数。当 d_0/d_1 一定时，Re 超过一定数值后，趋于常数。

② 文氏管流量计测量原理　文氏管流量计与孔板流量计测量原理完全相同。

$$q_V=u_vS_v=S_vC_v\sqrt{2(p_1-p_2)/\rho} \tag{5.12}$$

式中　C_v——孔流系数，量纲为1；

S_v——喉径处截面积，m^2；

u_v——喉径处流速，m/s。

③ 永久压力损失　流体流过孔板流量计，由于流动通道突然收缩和扩大，形成涡流产生阻力，使部分压力损失，因此流体流过流量计后压力不能完全恢复，这种损失称为永久压力损失。流量计的永久压力损失可以用实验方法测出：对于孔板流量计，测定孔板前 d_1 和孔板后 $6d_1$ 的两个截面；对于文氏管流量计，测定入口和扩散管出口距文氏管喉径各为 d_1 处的两个截面。d_1 为管道内径。两截面的压差为

$$\Delta p_{永}=p_1-p_2 \tag{5.13}$$

常用孔板流量计的永久压力损失为测得压头的40%～90%，这取决于孔板流量计d_0/d_1的值。由于文氏管流量计的入口和出口都为扩散形管，流体的涡流损失较小，所以其永久压力损失比孔板流量计小。文氏管流量计的永久压力损失约为测得压头的10%，但以设备加工精细、造价高为代价。

（2）离心泵实验

① 离心泵单泵特性曲线的测定　离心泵的性能参数有流量、压头、轴功率、效率和允许汽蚀余量或吸上真空高度等。离心泵在一定转速下，压头H、轴功率P和效率η均随实际流量q_V的大小而改变。通常将H-q_V、P-q_V和η-q_V三条曲线称为离心泵的特性曲线。离心泵的特性曲线是确定泵的适宜操作条件和选用离心泵的重要依据。由机械能衡算式可得泵的压头为

$$H=H_2+H_1+h_0+\frac{u_2^2-u_1^2}{2g} \tag{5.14}$$

式中　H_2——泵出口处的压力表读数，以mH_2O（表压）表示；

H_1——泵入口处的真空表读数，以mH_2O（表压）表示；

h_0——压力表和真空表测压头接头之间的垂直距离，m；

u_2——泵压出管内的水的流速，m/s；

u_1——泵吸入管内水的流速，m/s；

g——重力加速度，9.81m/s^2。

一般情况下，H-q_V曲线随流量增大呈下降趋势。

离心泵轴功率P是泵从电机接受的实际功率。本实验利用实测的电机输入功率求得泵的轴功率

$$P=P_{电}\ \eta_{电}\ \eta_{传} \tag{5.15}$$

式中　$P_{电}$——电动机的输入功率，kW；

$\eta_{电}$——电动机的效率，由电动机效率曲线求得，量纲为1；

$\eta_{传}$——联轴节或其他传动装置的传动效率，量纲为1。

一般情况下，泵的轴功率P随流量增大而增大。因流量为零时，轴功率最小，因此泵在启动时应将出口阀关闭（或稍开），以防止电机过载，待启动后再将出口阀打开。

泵的效率η即为泵的有效功率与其轴功率之比，由下式求得

$$\eta=\frac{q_V H\rho}{102P}\times100\% \tag{5.16}$$

式中　q_V——泵的流量，m^3/s；

H——泵的压头，m水柱；

ρ——实验条件下水的密度，kg/m^3。

效率的最高点，称为设计点。流量过大或过小，效率都将降低。泵在与最高效率相对应时的流量及压头下工作最为经济，因此与最高效率点对应的q_V、H及P值称为最佳工况参数。根据管路输送条件的要求，离心泵常不可能正好在最佳工况下运行，因此一般只能规定一个工作范围，称为泵的高效区，即不低于最高效率的92%的范围，选用离心泵时，应尽可能使泵在高效区内工作。

② 离心泵串联和并联操作特性曲线的测定　在实际的工业生产过程中，往往单台泵无法满足流体输送任务，此时需要采用离心泵的串并联操作。离心泵串联或并联操作，可以增加管路系统的流量和压头。两台相同的泵串联或并联操作可视为一个整体，本实验采取类似单泵测量特性曲线的方法测定离心泵串联或并联操作的特性曲线。

对于两台相同的离心泵进行串联操作时，由于每台泵的压头和流量均相同，因此在同一流量下，根据单台离心泵特性曲线，在保持横坐标（流量）不变的情况下，使纵坐标（扬程）加倍，由此得到离心泵的串联特性曲线。两台相同泵串联后的压头虽较单台泵使用时增高，但并不能增高一倍。

对于两台相同的离心泵进行并联操作时，在保持纵坐标（扬程）不变的情况下，使横坐标（流量）加倍，由此得到离心泵的并联特性曲线。由于管路存在阻力，在同一压头下，两台并联泵的流量就不会增加到两倍。

③ 管路特性曲线　管路特性曲线是描述流体流经管路系统时流量和所需压头之间的关系。当贮槽和受液槽的截面积都很大，流体流速很小，可以忽略不计时，管路特性曲线方程表示如下

$$L = A + Bq_V^2 \tag{5.17}$$

$$A = \Delta z + \frac{\Delta p}{\rho g} \qquad B = \frac{8\left(\lambda \dfrac{L}{d} + \sum \xi\right)}{\pi^2 d^4 g}$$

式中　L——管路系统所需压头，m；

q_V——管路系统的输送流量，m^3/s；

Δz——管路输送流体的高度差，m；

Δp——管路输送流体的压差，Pa；

ρ——输送流体密度，kg/m^3；

Bq_V^2——管路输送系统压头损失，m。

固定的管路系统在一定操作条件下进行操作时，式(5.17) 中 A 为定值，B 与管路条件和阀门开度有关。本实验固定阀门开度，因此 B 是常数。改变供电电源频率，相应电机转速变化，系统流量改变。在不同电机转速下测量系统流量和泵所提供的压头，绘出管路特性曲线，并确定参数 A、B 的值。

3. 实验装置

实验装置流程如图 5.3 所示。本实验的介质为水，水流量由设置在泵出口处的调节阀进行调节，用标准流量计测量，流量计的静压差由压差变送器传输数显仪表显示；泵前、后选用真空度传感器和压差传感器测量真空度与压力值，离心泵功率使用智能三相功率仪表经功率因子自动计算测定电机输入功率，再乘以电机效率与传动效率而得，采用智能数显变频器调节电机频率，改变离心泵的转速，测定管路特性曲线。两台泵之间配有管线和阀门以组合或切换成单泵、泵串联和泵并联流程。

4. 实验要求

① 学生根据实验目的，依据实验装置条件，设计实验内容。

② 拟定操作步骤，经指导老师同意后开始实验操作。

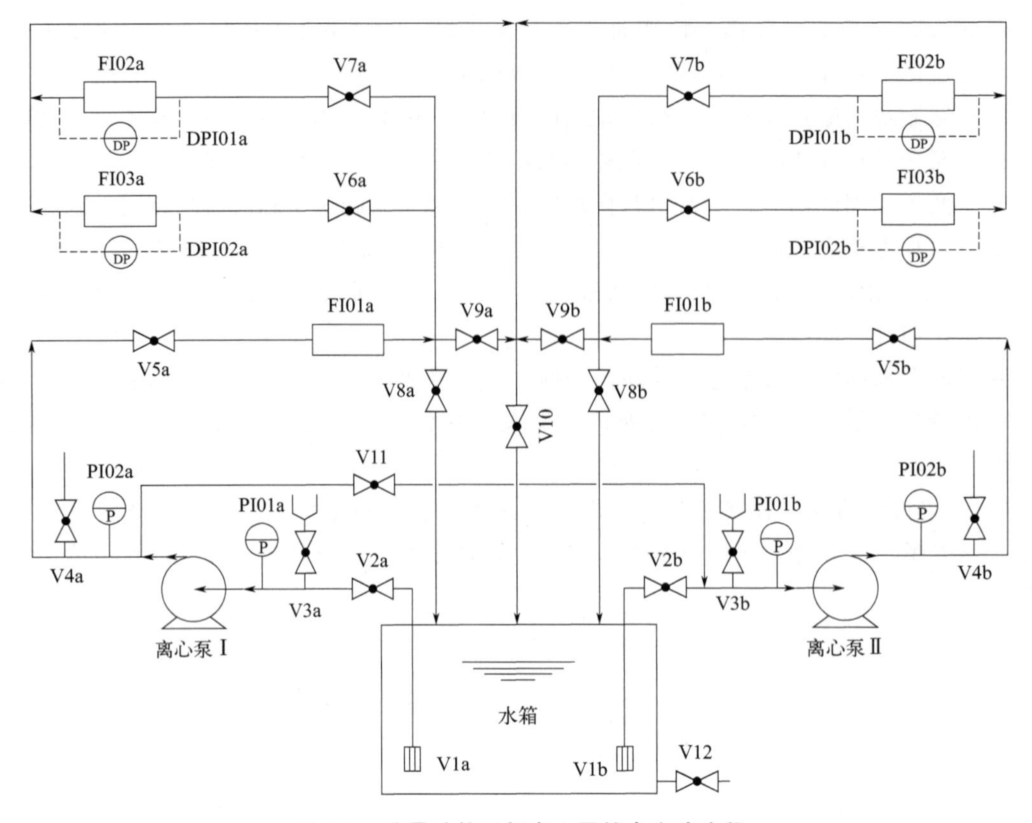

图 5.3 流量计校正与离心泵综合实验流程

V1a/b—单向底阀；V2a/b—入口阀；V3a/b—灌泵阀；V4a/b—灌泵排气阀；V5a/b—出口阀；V6a/b，V7a/b—流量调节阀；V8a/b—支路阀；V9a/b—并联支路阀；V10—并联总阀；V11—串联阀；V12—排水底阀；PI01a/b—入口压力；PI02a/b—出口压力；DPI01a/b，DPI02a/b—压差计；FI01a/b—标准流量计；FI02a/b—孔板流量计；FI03a/b—文氏管流量计

③ 按拟定的操作步骤进行实验，在测得必要的数据后，经指导老师同意，停止实验操作。

④ 依据实验内容整理实验数据，撰写实验报告。

5. 实验步骤

（1）流量计校正

① 如图 5.3 所示，关闭支路阀、串联阀和并联阀，打开泵入口阀、灌泵排气阀并联总阀向泵内灌满水。

② 关闭灌泵阀和出口阀，将两相开关旋至“测泵性能”启动离心泵。

③ 通过泵出口阀调节流量，分别记录标准流量计、文氏管流量计、孔板流量计的测量压差值和永久压差值，由小到大记录 8～10 组数据。

（2）离心泵单泵特性曲线的测定

并联总阀关闭。利用泵出口阀调节流量，流量从零到最大或反之，测定系统稳定后每次流量下的标准流量计流量值、真空度、压力、电功率，记录 8～10 组数据（流量为零的数据一定要记录）。

（3）管路特性曲线的测定

① 关闭泵出口阀，把两相开关转向“测管路特性”启动离心泵。

② 将泵出口阀固定在某一开度，在额定频率范围内从小到大或反之调节频率，测定系统稳定后的标准流量计流量值、真空度和压力，记录8～10组数据。

（4）离心泵串联和并联操作特性曲线的测定

① 离心泵串联操作特性曲线的测定

a. 两台泵各自将两相开关旋至“测泵性能”启动离心泵。

b. 打开串联阀，打开离心泵Ⅰ的进口阀，关闭其出口阀，打开离心泵Ⅱ的出口阀，关闭其入口阀，形成两泵串联系统。

c. 用离心泵Ⅱ的出口阀控制流量，流量从零到最大或反之，测定标准流量计流量值、真空度和压力，记录8～10组数据。

② 离心泵并联操作特性曲线的测定

a. 关闭串联阀，打开并联阀，打开泵Ⅰ、Ⅱ的入口阀和出口阀形成两泵并联系统。

b. 用并联总阀控制流量，流量从零到最大或反之，测定标准流量计流量值、真空度和压力，记录8～10组数据。

6. 注意事项

① 实验前认真设计实验内容，确保各阀门开、关到位。

② 泵启动前注意灌满水，防止气缚。

③ 泵封闭启动，即关闭泵出口阀后，再启动泵电机。

④ 泵运转时注意安全，防止触电。特别要注意防止袖角、衣角及长发卷入泵电机的转动部件内发生人身事故。注意电机过热、噪声过大或其他故障。如有不正常现象，立即停车，与指导教师讨论原因及处理办法。

7. 实验装置的多功能设计

本实验装置在实现单泵操作的基础上还设计了串联管路和并联管路，并安装了变频器。因此本装置不仅可以进行一定转速下单泵特性曲线的测定，同时还可以完成以下实验研究：

① 测定相同两台离心泵串联操作时的特性曲线。

② 测定相同两台离心泵并联操作时的特性曲线。

③ 测定单泵运行时的管路特性曲线。

8. 思考题

① 孔板流量计和文氏管流量计安装时应注意什么问题？试对比两种流量计的优缺点。

② 流量计的流量系数与哪些因素有关？

③ 根据离心泵的工作原理，分析泵在启动前需要灌水以及关闭泵的出口阀的原因。

④ 本实验中，为了取得较好的实验结果，实验流量范围下限应小到零，上限应尽量大，为什么？

⑤ 在进行泵的特性曲线测定和管路特性曲线测定时，流量分别采用了什么方法进行调节？比较这两种流量调节方法的优缺点。

⑥ 两台泵串联和并联特性曲线与单泵特性曲线比较时有何结论？

⑦ 试分析气缚现象与汽蚀现象的区别。

9. 实验记录

姓名：______ 班级：______ 学号：______ 实验日期：______ 指导教师：______

数据记录

水温：______℃ 黏度：______Pa·s 标准流量计孔流系数：______ 标准流量计喉径：______mm 文氏管喉径：______mm 孔板孔口直径：______mm 文氏管两侧直管部分长：______mm 孔板两侧直管部分长：______mm 直管内径：______mm

（1）流量计校正实验记录表

序号	标准流量计		文氏管流量计				孔板流量计			
	测量压差/Pa	流量/(m^3/s)	测量压差/Pa	永久压差/Pa	永久压力损失/%	孔流系数 C_V	测量压差/Pa	永久压差/Pa	永久压力损失%	孔流系数 C_0
1										
2										
3										
4										
5										
6										
7										
8										
9										
10										

数据记录

水泵型式：______型 转速：______r/min 进出口管径：______mm 压力计及真空表高度差：______mm 标准流量计孔流系数：______ 喉径：______mm

（2）离心泵单泵特性曲线测定实验记录

序号	流量计压差/Pa	流量 q_V/(m^3/h)	压力表		真空表		压头 H_e/m	轴功率			有效功率 ($H_e q_V \rho$/102)/kW	效率 η
			/kPa	/mH_2O	/kPa	/mH_2O		功率表/kW	电机效率	轴功率/kW		
1												
2												
3												
4												
5												
6												
7												

续表

序号	流量计压差/Pa	流量 q_V/(m^3/h)	压力表		真空表		压头 H_e/m	轴功率			有效功率 ($H_e q_V \rho$/102)/kW	效率 η
			/kPa	/mH_2O	/kPa	/mH_2O		功率表/kW	电机效率	轴功率/kW		
8												
9												
10												

（3）管路特性曲线测定实验记录

序号	电动机频率/Hz	流量计压差/Pa	流量 q_V/(m^3/h)	压力表		真空表		压头 H_e/m
				/kPa	/mH_2O	/kPa	/mH_2O	
1								
2								
3								
4								
5								
6								
7								
8								
9								
10								

数据记录

水泵型式：________型　转速：________r/min　进出口管径：________mm　压力计及真空表高度差：________mm　标准流量计孔流系数：________　喉径：________mm

（4）离心泵串联操作特性曲线实验记录

序号	流量计压差/Pa	流量 q_V/(m^3/h)	压力表		真空表		压头 H_e/m
			/kPa	/mH_2O	/kPa	/mH_2O	
1							
2							
3							
4							
5							
6							
7							
8							
9							
10							

（5）离心泵并联操作特性曲线实验记录

序号	流量计压差 /Pa	流量 q_V /(m^3/h)	压力表		真空表		压头 H_e/m
			/kPa	/mH_2O	/kPa	/mH_2O	
1							
2							
3							
4							
5							
6							
7							
8							
9							
10							

实验 3 过滤实验

1. 实验目的

① 掌握板框过滤机的构造、工艺流程、操作及调节方法；

② 测定恒定压力下，过滤方程中的常数 K、q_e、τ_e；

③ 测定表征物料特性的滤饼常数 k 和滤饼压缩指数 s。

2. 实验原理

过滤是分离固-液非均相混合物的一种常用的机械分离单元操作。其基本原理是在推动力（如压差）下，使含有固体颗粒的悬浮液通过过滤介质，固体颗粒被介质截留形成滤饼，滤液穿过滤饼流出，从而实现固-液两相分离。过滤介质通常采用多孔纺织品、丝网或其他多孔材料如帆布、毛毡、金属网、多孔陶瓷等。

过滤操作的分离效果，除与过滤设备的结构形式相关外，还与过滤物料的特性、操作压力，以及过滤介质的性质有关。实验测定过滤过程中的过滤常数，是进行过滤工艺计算及过滤设备设计的基础。本实验主要测定给定物料 $MgCO_3$ 悬浮液在板框过滤机中恒压过滤时的过滤常数。

（1）恒压过滤

恒压过滤是最常用的过滤方式。恒压过滤时，滤饼厚度不断增加，致使过滤阻力逐渐增大，而推动力维持不变，所以过滤速率随时间逐渐降低。

恒压过滤方程为

$$(V+V_e)^2=KA^2(\tau+\tau_e) \tag{5.18}$$

式中 V——过滤时间为 τ 时所得到的累积滤液量，m^3；

τ——过滤时间，s；

V_e——获得与过滤介质阻力相当的滤饼厚度所得的滤液量，m^3；

τ_e——滤出滤液量 V_e 所需的当量过滤时间，s；

A——过滤面积，m^2；

K——过滤常数，m^2/s。

过滤常数 K 可以表示为

$$K=2k\Delta p^{1-s}=\frac{2\Delta p^{1-s}}{\eta r_0 v} \tag{5.19}$$

式中 Δp——过滤操作的总压差，即滤饼和过滤介质两侧压差之和；

s——滤饼的压缩指数；

k——反映过滤物料特性的滤饼常数，其值与滤液的性质、滤浆的浓度及滤饼的特性有关；

η——滤液的黏度，Pa·s；

r_0——单位压差下滤饼的比阻，m^{-2}；

v——过滤单位体积滤液所得滤饼体积，m^3（滤饼）/m^3（滤液）。

以单位过滤面积表示的恒压过滤方程为

$$(q+q_e)^2=K(\tau+\tau_e) \tag{5.20}$$

式中 q——单位过滤面积获得的滤液量，m^3/m^2；

q_e——单位过滤面积过滤介质获得的当量滤液量，m^3/m^2。

（2）过滤常数 K、q_e、τ_e 的测定

过滤常数 K 与滤浆浓度、滤饼和滤液特性，以及操作压差有关，在恒压下为一常数。q_e、τ_e 反映过滤介质的特性。为了便于测定过滤常数 K、q_e、τ_e，将式(5.20)微分并整理得

$$2(q+q_e)\mathrm{d}q=K\mathrm{d}\tau \tag{5.21}$$

$$\frac{\mathrm{d}\tau}{\mathrm{d}q}=\frac{2}{K}q+\frac{2}{K}q_e \tag{5.22}$$

将式(5.22)左侧的导数用差分代替，为

$$\frac{\Delta\tau}{\Delta q}=\frac{2}{K}\bar{q}+\frac{2}{K}q_e \tag{5.23}$$

式中 $\Delta\tau$——每个过滤时间区间，$\Delta\tau_i=\tau_{i+1}-\tau_i$，s；

Δq——每个时间区间内获得的单位面积滤液量，$\Delta q_i=q_{i+1}-q_i$，m^3/m^2；

$\bar{q}$——两次测定的单位面积滤液量的平均值，$\bar{q}=(q_{i+1}+q_i)/2$，m^3/m^2。

式(5.23)表明，恒压过滤时，以 $\Delta\tau/\Delta q$ 对 $\bar{q}$ 作图为一条直线，直线的斜率为 $2/K$，截距为 $2q_e/K$。由此可知，只要测出不同过滤时间内单位过滤面积所得的滤液量，即可求得 K 和 q_e，再通过式(5.24)求出 τ_e。

$$\tau_e=\frac{q_e^2}{K} \tag{5.24}$$

（3）滤饼常数 k 和滤饼压缩指数 s 的测定

将式(5.19) 两端取对数，得

$$\lg K=(1-s)\lg\Delta p+\lg 2k \tag{5.25}$$

如式(5.25) 所示，以 $\lg K$ 对 $\lg\Delta p$ 作图可得到一条直线，直线的斜率为 $(1-s)$，截距为 $\lg(2k)$。因此，在不同操作压差下进行恒压过滤，测得不同压差 Δp_i 下的过滤常数 K_i，标绘在双对数坐标中，即可求出滤饼常数 k 和滤饼压缩指数 s。

3. 实验装置

实验采用板框过滤机恒压过滤 $MgCO_3$ 悬浮液。实验装置如图 5.4 所示。由压缩机向配浆槽提供压缩空气，通过鼓泡方式进行液相搅拌；压缩空气通入加压罐实现恒压过滤。板框过滤系统中板框交替排列，两端 1＃为压紧板，中间 1＃、3＃为过滤板，共 5 块，2＃为过滤框，共 4 块，过滤框直径 0.125m；滤板表面包裹帆布作为过滤介质，板框由手动杆压紧组装。滤液进入计量罐后由电子秤计量其质量，滤渣被截留在滤框内形成滤饼。

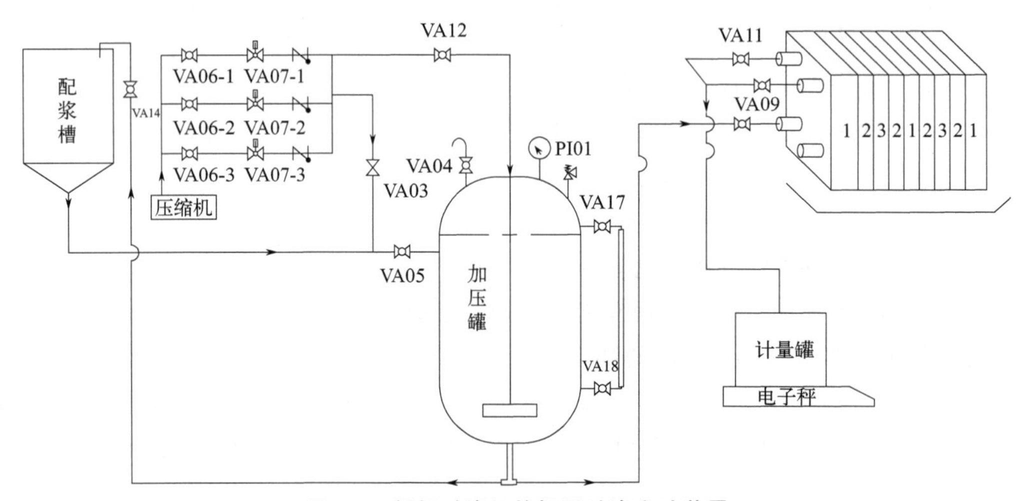

图 5.4　板框过滤机的恒压过滤实验装置

4. 实验要求

① 熟悉实验原理、流程和装置，以及数据采集仪器、仪表的使用方法；

② 拟定实验内容、步骤和操作方法，指导教师同意后开始实验；

③ 按照实验操作规程进行实验，获取必要的实验数据，要求保证实验数据的准确性和可靠性，经指导教师同意后停止实验；

④ 整理、分析实验数据，撰写实验报告。

5. 实验步骤

（1）板框过滤机的滤布安装

按板、框的号数以 1-2-3-2-1-2-3-2-1 的顺序排列过滤机的板与框（顺序、方位不能错）。把滤布用水湿透，再将湿滤布覆在滤框的两侧（滤布孔与框的孔一致）。然后用力压紧螺杆压紧板和框，过滤机固定头的 4 个阀均处于关闭状态。

（2）搅拌及放料

开启 VA06-1（稳压阀压力 0.1MPa），逐渐开启气动搅拌阀 VA03，气动搅拌使液相混合均匀。关闭 VA03、VA06-1，将物料加压罐的放空阀 VA04 打开，开 VA05，将配浆槽内配制好的滤浆放进物料加压罐，完成放料后关闭 VA04 和 VA05。

（3）物料加压

开启 VA12。先确定在什么压力下进行过滤，本实验装置可进行三个固定压力下的过滤，分别由三个定值调节阀并联控制，从上到下分别是 0.1MPa、0.15MPa、0.2MPa。以实验 0.1MPa 为例，开启定值调压阀前、后的 VA06-1、VA07-1，加压罐放空阀 VA04 保持微开，使压缩空气进入加压罐下部的气动搅拌盘，气体鼓泡搅动使加压罐内的物料保持浓度均匀，同时将密封的加压罐内的料液加压，当物料加压罐内的压力维持在 0.1MPa 时，准备过滤。

（4）过滤-1

开启上边的两个滤液出口阀，全开下方的滤浆进入阀，滤浆便被压缩空气的压力送入板框过滤机过滤。滤液流入计量槽，测取一定时间内得到滤液的质量，也可测取得到一定质量的滤液所需要的时间（本实验建议每升高 500g 读取时间数据）。待滤渣充满全部滤框后（此时滤液流量很小，但仍呈线状流出）。关闭滤浆进入阀，停止过滤。

（5）卸料

第一组实验结束后，关闭进料阀，旋开压紧螺杆，卸出滤渣，清洗滤布，整理板框。板框及滤布重新安装后，进行另一个压力的操作。

（6）过滤-2

由于加压罐内有足够的同样浓度的料液，按步骤（4、5），调节过滤压力，依次进行其余两个压力下的过滤操作。

（7）结束

全部过滤结束后，关闭进气阀，打开物料压力罐进气阀，盖住配浆槽盖，打开放料阀 VA14，用压缩空气将加压罐内的剩余悬浮液送回配浆槽内贮存，关闭物料进气阀，打开加压罐放空阀，使加压罐内保持常压。

6. 注意事项

① 加压罐放空阀 VA04 在放料过程中处于全开状态；

② 注意过滤板框的放置顺序；

③ 加压罐放空阀 VA04 在恒压过滤阶段处于微开状态；

④ 进行后两组压力实验时无需再次放料；

⑤ 每次操作之前要彻底清洗过滤板框和过滤介质。

7. 实验装置的多功能设计

本实验的基本任务是在恒定压力下，测定板框过滤机的过滤常数，如 K、q_e、τ_e，以及表征物料特性的滤饼常数 k 和滤饼压缩指数 s。此外，还可以利用本实验装置，设计其他实验方案。例如，测定单位压差下滤饼的比阻 r_0、测定过滤面积与过滤常数之间的关系，以及板框过滤机的生产能力等。

8. 思考题

① 过滤常数 K 与哪些因素有关？

② 过滤介质的阻力与哪些因素有关？

③ 恒压过滤时，实验数据第一点是否有偏高或偏低现象，为什么？

④ 过滤开始时，为什么滤液是浑浊的？

9. 实验记录

姓名：______ 同组者：______ 班级：______ 实验日期：______ 指导教师：______

数据记录

过滤板尺寸：____ m 过滤面积：______ m^2 使用压力：______ 悬浮液成分：______

序号	滤液体积		过滤时间 τ		$\Delta\tau$/s	$\Delta q/(m^3/m^2)$	$\Delta\tau/\Delta q$ /(s/m)
	V/mL	$q/(m^3/m^2)$	/min	/s			
1							
2							
3							
4							
5							
6							
7							
8							

实验 4 传热综合实验

在化工生产中，为完成工艺过程所需的反应、分离、输送、储存等操作，常常需要将热量加入或移出系统。有时，为提高能量利用率，在系统中热、冷流股之间也要进行热量交换。因此，传热过程是化工生产过程中重要的单元操作之一。热量的传递过程不仅与操作条件、物流的性质及流动状态有关，而且与传热设备的型式、传热面的特性有关。为合理、经济地选用或设计一台换热设备，必须了解换热器的换热性能，而通过实验测定换热器的传热系数，掌握影响其性能的主要因素，是了解换热器性能的重要途径之一。

1. 实验目的

① 掌握管内强制对流表面传热系数的测定方法；

② 掌握用特征数方程整理实验数据的方法；

③ 比较不同几何特性传热面的传热速率，并讨论传热面几何特性对传热过程的影响。

2. 实验原理

（1）管内对流表面传热系数的测定

在本实验中，采用的是套管换热器，管外水蒸气冷凝加热管内空气。根据总传热系数计算式，有

$$\frac{1}{K_i}=\frac{1}{h_i}+R_{di}+\frac{b}{\lambda}\times\frac{d_i}{d_m}+R_{do}\frac{d_i}{d_o}+\frac{1}{h_o}\times\frac{d_i}{d_o} \tag{5.26}$$

在该实验条件下，由于管外蒸汽冷凝的表面传热系数远大于管内空气的对流表面传热系数，因此，传热过程的热阻主要集中在管内空气一侧，因此，式(5.26) 简化为

$$h_i\approx K_i=\frac{\Phi}{A_i\Delta t_m} \tag{5.27}$$

其中

$$\Phi=q_{mc}C_{pc}(t_2-t_1) \tag{5.28}$$

$$A_i=\pi d_i l \tag{5.29}$$

$$\Delta t_m=\frac{\Delta t_1-\Delta t_2}{\ln\frac{\Delta t_1}{\Delta t_2}} \tag{5.30}$$

式中 Φ——传递的热流量，W；

q_{mc}——冷物流的流量，kg/s；

C_{pc}——冷物流在平均温度下的定压比热容，J/(kg·℃)；

t_1,t_2——冷物流的进、出口温度，℃；

$\Delta t_1,\Delta t_2$——换热器两端热、冷物流传热温差，℃；

d_i,d_o,d_m——换热管的内、外和平均直径，m；

h_i,h_o——换热管的内、外表面传热系数，W/(m²·℃)；

R_{di},R_{do}——换热管的内、外污垢热阻，(m²·℃)/W；

b——管壁厚度，m；

λ——管壁材料的热导率，W/(m·℃)；

l——换热管的长度，m。

（2）表面传热系数特征数关联式的实验测定

对流传热的表面传热系数与流体的物理性质、流动状态及换热器的几何结构有关。对于稳态无相变传热过程，可采用量纲分析法获得一般特征数之间的表达形式为

$$Nu=f(Re,Pr,Gr) \tag{5.31}$$

在强制湍流传热条件下，格拉晓夫数 Gr 可以忽略，则

$$Nu=f(Re,Pr) \tag{5.32}$$

或

$$Nu=BRe^m Pr^n \tag{5.33}$$

式中，$Nu=\frac{hd}{\lambda}$，$Re=\frac{du\rho}{\eta}$，$Pr=\frac{C_p\eta}{\lambda}$，$Gr=\frac{d^3\rho^2 g\alpha_r\Delta t}{\eta^2}$。

实验研究表明，流体被加热时 $n=0.4$，流体被冷却时 $n=0.3$，在本实验条件下，式(5.33) 可表示为

$$Nu=BRe^m Pr^{0.4} \tag{5.34}$$

将式(5.34) 两边取对数，得到以下线性方程

$$\lg \frac{Nu}{Pr^{0.4}} = \lg B + m \lg Re \tag{5.35}$$

在双对数坐标中将$\frac{Nu}{Pr^{0.4}}$对 Re 作图，即可得到一直线。由该直线的斜率 m 和截距 $\lg B$ 即可确定方程(5.34) 中的指数 m 和 B 值。

若方程(5.33) 中指数 n 为未知，则对式(5.33) 两边取对数得

$$\lg Nu = \lg B + m \lg Re + n \lg Pr \tag{5.36}$$

令 $Y=\lg Nu$，$b_0=\lg B$，$b_1=m$，$X_1=\lg Re$，$b_2=n$，$X_2=\lg Pr$，则式(5.36) 可写成

$$Y = b_0 + b_1 X_1 + b_2 X_2 \tag{5.37}$$

以 X_1 和 X_2 为自变量，以 Y 为因变量，进行二元线性回归求得 b_0、b_1 和 b_2 后，即可求得方程中的 B、m 和 n 的值。

（3）传热过程的强化

强化传热能减小传热面积，提高现有换热器的传热能力。强化传热的方法有多种，本实验装置采用波纹管传热面和在传热管内插入扰流子来强化传热。为定量说明换热器的强化效果，可采用强化比表示。

$$\text{强化比} = Nu/Nu_0 \tag{5.38}$$

式中，Nu 为强化传热管的努塞尔数；Nu_0 为普通光滑传热管的努塞尔数。显然，强化比的值越大，强化效果越好。但在考虑强化传热的同时，还应考虑阻力因素。

（4）换热器两侧热阻不可忽略时管内表面传热系数的测定

若实验过程中管内、管外的流体均为空气，管内的表面传热系数 h_i 和管外的表面传热系数 h_o 比较接近，两侧热阻均不可忽略，此时可以根据牛顿冷却定律用实验测定表面传热系数 h_i 和 h_o。根据牛顿冷却定律

$$h_i = \frac{\Phi}{A_i(t_w - t_m)} \tag{5.39}$$

$$h_o = \frac{\Phi}{A_o(T_m - T_w)} \tag{5.40}$$

式中 t_w——换热管内壁表面温度，℃；

t_m——管内流体平均温度，$t_m=\frac{t_1+t_2}{2}$，℃；

T_w——换热管外壁表面温度，℃；

T_m——管外流体平均温度，$T_m=\frac{T_1+T_2}{2}$，℃；

A_o，A_i——换热管的外、内传热面积。

若通过实验测得 Φ、t_w、T_w、t_m 和 T_m，计算出 A_i 和 A_o，则可计算出换热器管内和管外的表面传热系数。

如实验过程不测换热管的壁温，可用 Wilson 图解法确定表面传热系数。当换热管管壁较薄，使用的管材热导率较大时，可将管壁热阻忽略，认为管内壁温度、外壁温度和壁

面平均温度近似相等。一般情况下，测定时间不长，污垢热阻变化不大，故换热器两侧污垢热阻可视为常数。在实验过程中，保持管外物流流量恒定，温度变化幅度较小，其表面传热系数 h_o 也可近似为常数，此时，式(5.26) 可表示为

$$\frac{1}{K_i}=\frac{1}{h_i}+\left(R_{di}+\frac{b}{\lambda}\times\frac{d_i}{d_m}+R_{do}\frac{d_i}{d_o}+\frac{1}{h_o}\times\frac{d_i}{d_o}\right) \tag{5.41}$$

式(5.41) 中，括号中各项值加和为一常数。管内表面传热系数 h_i 的关联式可表示为

$$Nu=BRe^m Pr^n\left(\frac{\eta}{\eta_w}\right)^{0.14} \tag{5.42}$$

或

$$h_i=B\frac{\lambda}{d_i}\left(\frac{d_iG}{\eta}\right)^m\left(\frac{C_p\eta}{\lambda}\right)^n\left(\frac{\eta}{\eta_w}\right)^{0.14} \tag{5.43}$$

式中，G 为管内流体质量流速，kg/(m^2·s)。

当物流被加热时，$n=0.4$，被冷却时，$n=0.3$，将式(5.43) 中物性参数及结构参数进行合并，得到

$$h_i=B'G^m \tag{5.44}$$

$$B'=B\frac{\lambda}{d_i}\left(\frac{d_i}{\eta}\right)^m\left(\frac{C_p\eta}{\lambda}\right)^n\left(\frac{\eta}{\eta_w}\right)^{0.14} \tag{5.45}$$

将式(5.44) 带入式(5.41) 中，得到

$$\frac{1}{K_i}=\frac{1}{B'G^m}+\left(R_{di}+\frac{b}{\lambda}\times\frac{d_i}{d_m}+R_{do}\frac{d_i}{d_o}+\frac{1}{h_o}\times\frac{d_i}{d_o}\right) \tag{5.46}$$

令 $\frac{1}{K_i}=y$，$\frac{1}{G^m}=x$，$\frac{1}{B'}=a$，$R_{di}+\frac{b}{\lambda}\times\frac{d_i}{d_m}+R_{do}\frac{d_i}{d_o}+\frac{1}{h_o}\times\frac{d_i}{d_o}=c$，则式(5.46) 可表示为

$$y=ax+c \tag{5.47}$$

恒定管外物流流量，给定 m 的初值（如 $m_0=0.8$），改变管内流量 G_j，求得多个 x_j $(j=1,2,\cdots,k)$，同时，可求得多个传热量 Φ_j 和传热温差 Δt_{mj}。利用传热量 Φ_j、传热温差 Δt_{mj} 以及传热面积 A_i，可计算出 $K_j=\frac{\Phi_j}{A_i\Delta t_{mj}}$，进而计算出不同管内流量时的 y_j。

将得到的 (x_j,y_j) 标绘在坐标纸上得到一直线。该直线的斜率为 a 和截距为 c，将截距 c 代入式(5.41) 中，得到

$$h_{ij}=\frac{1}{\frac{1}{K_j}-\left(R_{di}+\frac{b}{\lambda}\times\frac{d_i}{d_m}+R_{do}\frac{d_i}{d_o}+\frac{1}{h_o}\times\frac{d_i}{d_o}\right)}=\frac{1}{y_j-c} \tag{5.48}$$

将一组 y_j 及 c 代入式(5.48) 中计算得到一组 h_{ij} $(j=1,2,\cdots,k)$，进而得到管内不同流量下的 Nu_j 和 Re_j。将式(5.42) 两边取对数得

$$\lg\frac{Nu}{Pr^n\left(\frac{\eta}{\eta_w}\right)^{0.14}}=m\lg Re+\lg B \tag{5.49}$$

式中，指数 n 可根据管内物流被加热或冷却来确定。令

$$Y=\frac{Nu}{Pr^n\left(\frac{\eta}{\eta_w}\right)^{0.14}} \qquad X=Re$$

则式(5.49)可简写为

$$\lg Y=m\lg X+\lg B \tag{5.50}$$

将几组实验数据 Y_j 和 X_j $(j=1,2,\cdots,k)$ 标绘在双对数坐标中，可得一直线。由该直线斜率确定 m 值，截距确定 B 值。将由此确定的 m 值与其初始假定值 m_0 进行比较，若二者之差没有达到规定的误差，则应重新给定 m 初值，返回前面进行迭代计算，直至达到规定误差要求。

在式(5.49)中，校正项 $\left(\frac{\eta}{\eta_w}\right)^{0.14}$ 中的 η_w 为壁温下的黏度，在实验过程中，若没有直接测定壁温，则可按以下步骤计算壁温。

① 先不考虑校正项，即令 $\left(\frac{\eta}{\eta_w}\right)^{0.14}=1$，求管内表面传热系数 h_i，此时

$$h_i=B\frac{\lambda}{d_i}Re^mPr^n \tag{5.51}$$

② 给定 B、m 的初值 B_0、m_0。

③ 将 B_0、m_0 代入式(5.51)中，计算 h_{ij} $(j=1,2,\cdots,k)$。

④ 计算 Nu_j 和 Nu_j/Pr_j^n $(j=1,2,\cdots,k)$。

⑤ 将 Nu_j/Pr_j^n 和 Re_j $(j=1,2,\cdots,k)$ 标绘在双对数坐标中，得到一直线，由该直线的斜率和截距确定 m 和 B 值。将 m 和 B 的当前值与初值比较，若未达到规定要求，则应重新给定初值，进行迭代计算，直至收敛。

⑥ 由以上步骤确定的 B、m 值，计算得到 h_i，则可用式(5.52)计算壁温。

$$t_w=t_m+\frac{\Phi}{h_iA_i} \tag{5.52}$$

需要说明的是，Wilson 法存在不足。一是在实验过程中，一侧流体的流量和温度难以恒定。二是需要较多的实验数据，否则难以获得准确的结果。为此，现有修正的 Wilson 图解法，可参考相关书籍。

3. 实验装置

本装置为一多功能传热研究实验台，由三个套管换热器组成，各套管换热器的规格尺寸见表 5.2，装置流程如图 5.5 所示。

表 5.2　传热实验台各换热器情况一览表

设备名称	设备主要结构尺寸	材料
波纹管套管换热器	外管 ϕ76mm×2mm，内管 ϕ30mm×2mm，管长 1.38m	紫铜
光滑管套管换热器		紫铜
插扰流子套管换热器		紫铜

本实验中采用的传热介质有空气和水蒸气两种。空气由旋涡气泵吹出，由旁路调节阀调节，经孔板流量计，由支路控制阀选择不同的支路进入换热器内管。空气的进、出口温

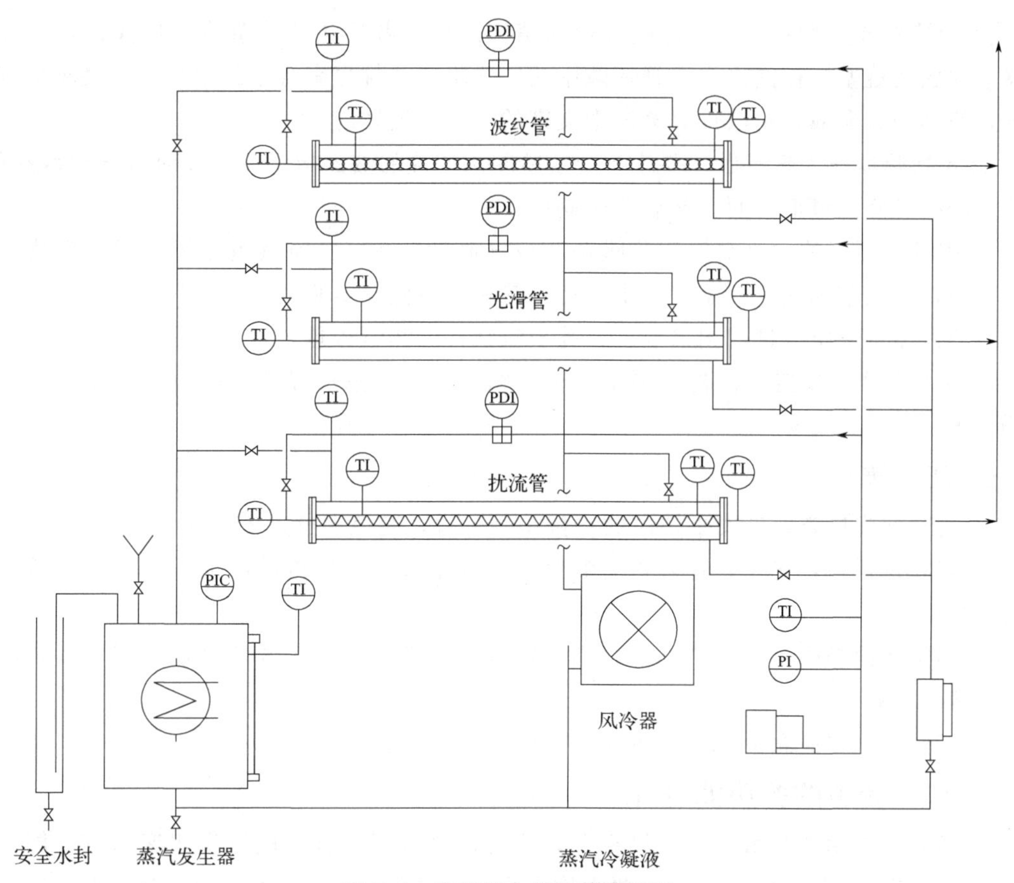

图 5.5　传热综合实验装置流程

度用热电偶测得，孔板流量计的压差由压差传感器测得。空气被加热后，排入大气。蒸汽由蒸汽发生器发生，经蒸汽支路控制阀进入套管换热器的环隙，与管内冷空气换热后冷凝，经蒸汽凝液罐返回蒸汽发生器。每个套管换热器设有放气旋塞，用于排放不凝性气体。

4. 实验要求

① 根据所学传热的基本原理及装置条件确定一实验项目，并拟定实验流程；

② 确定需要测量的实验数据；

③ 拟定实验步骤和操作方法，保证实验数据的准确性及可靠性，经实验指导教师同意后开始实验操作；

④ 按拟定的实验步骤进行实验，在获取必要的数据后，经指导教师同意，停止实验操作；

⑤ 整理实验数据，撰写实验报告。

5. 实验步骤

① 熟悉空气系统和水蒸气系统的流程，了解各换热管空气流量调节、蒸汽温度的调节方法。

② 将空气系统的空气旁路调节阀完全打开，启动风机及各个测量仪表显示。调节各换热器的入口空气调节阀开度至实验规定流量。

③ 慢慢打开蒸汽系统入口总阀，通入蒸汽。打开各换热器的蒸汽入口阀，打开各换热器上的放气旋塞，让蒸汽将套管环隙中的空气带出，排尽套管中的空气后，关小旋塞的开度，使其稍有泄漏，用以排放蒸汽中夹带的不凝性气体。

④ 各换热器通入蒸汽后，要注意观察冷凝水贮罐的液面指示计，及时打开放水阀门，将罐内冷凝液降至最低液面，然后关闭阀门。

⑤ 用各换热器的入口空气调节阀调节空气流量，在一定空气流量下，用各换热器上的蒸汽入口阀调节加热蒸汽温度恒定，待传热稳定后测定实验数据。在仪表盘上读出各换热器的蒸汽温度，空气进、出口温度，孔板流量计的测量压差。

⑥ 从小到大改变空气流量，测定8～10组数据。注意选择合适的空气流量，使数据间隔合理。

6. 注意事项

① 实验前应检查蒸汽发生器内的水位是否合适，避免水位过低或无水。

② 实验过程中，先在套管换热器的管内通入空气，然后再开启蒸汽阀门，将蒸汽通入套管环隙中。

③ 测定数据必须是在传热过程达到稳定状态时进行，每次调节流量后应在系统达到稳定后读取数据。

④ 实验过程中注意不凝性气体的排空和冷凝液的排放。

7. 实验装置的多功能设计

① 实验可以用饱和水蒸气加热空气，此时传热过程为有一侧发生相变，另一侧为无相变。也可以用空气和空气换热，两侧均为无相变过程。采用空气与空气换热时，需要首先用水蒸气将一股空气加热，然后该热空气与进入系统的冷空气进行换热。

② 实验也可选择换热流程，通过装置中阀门的切换改变流程，可获得3种流程：a. 三个换热器并联操作流程；b. 两换热器串联操作流程（物流可逆流或并流）；c. 两换热器并联操作流程（物流可逆流或并流）。

8. 思考题

① 对于套管内为冷空气、环隙为饱和蒸汽冷凝的换热过程，冷空气和蒸汽的流向对传热效果有无影响？

② 蒸汽冷凝过程中，若存在不凝性气体，对传热有什么影响？应采取什么措施消除不凝性气体的影响？

③ 实验过程中，若冷凝水不及时排出，会产生什么影响？

④ 在实验过程中，若使用的饱和蒸汽温度不同，对表面传热系数关联式有何影响？

⑤ 在实验中怎样判断系统达到稳定状态？

⑥ 在其他条件不变时，管内流体流速增大时，其出口温度如何变化？为什么？

9. 实验记录

姓名：______ 同组者：____________ 班级：______

实验日期：______ 指导教师：______

数据记录

换热管	序号	流量计测量压差/kPa	空气流量/(m^3/h)	空气流速/(m/s)	空气温度/℃			蒸汽温度/℃	传热量/kW	Δt_m/℃	h_i/[W/(m^2·℃)]	η/Pa·s	λ/[W/(m·℃)]	Pr	Nu	$\frac{Nu}{Pr^{0.4}}$	Re
					入口	出口	温升										
波纹管	1																
	2																
	3																
	4																
	5																
	6																
	7																
	8																
	9																
	10																
光滑管	1																
	2																
	3																
	4																
	5																
	6																
	7																
	8																
	9																
	10																
扰流管	1																
	2																
	3																
	4																
	5																
	6																
	7																
	8																
	9																
	10																

实验 5 气体的吸收与解吸实验

在化工生产过程中，气体的吸收和溶解气的解吸是重要的单元操作之一。吸收操作的主要目的是分离气体混合物，获得需要的目的组分，净化合成用原料气；制取溶液态的化工产品和半成品，治理有害气体的污染，保护环境。解吸是吸收的逆过程，通过解吸操作，既可获得吸收后较纯净的气体溶质，又可使吸收剂得以再生而循环使用。在工业生产中，吸收与解吸的合理匹配与联合操作，构成了气体吸收分离完整的生产工艺过程。

完成规定的气体吸收分离任务，不仅与选择的吸收剂性质、吸收过程的操作条件、塔内物流流动状态有关，而且与吸收设备的结构型式、塔内件的特性及吸收与解吸的流程安排等有关。这是因为塔结构型式、塔内件的特性及物流流动状态等均会影响气、液两相的传质状态，导致对吸收和解吸的影响不同。

为准确地认识吸收-解吸过程，必须对吸收-解吸过程的实验进行研究，以确定其影响因素，对该过程的传质设备进行设计计算。

本实验是以氧在水中的吸收和解吸过程为例的综合实验过程。

1. 实验目的

① 熟悉吸收-解吸的工艺流程，了解填料塔的结构；

② 掌握吸收-解吸过程的操作及调节方法；

③ 测定填料塔的流体力学性能；

④ 测定吸收塔中用水吸收氧气时的液相传质系数（或传质单元高度）及其与液体喷淋密度的关系；

⑤ 测定解吸塔中用氮气解吸水中氧时的液相传质系数（或传质单元高度）及其与液体喷淋密度的关系；

⑥ 考察溶剂（解吸水）流量对吸收过程的影响；

⑦ 比较氧在水中的吸收传质系数与水中氧的解吸传质系数是否相等，并分析原因。

2. 基本原理

（1）填料塔的流体力学性能测定实验

压降是塔设计中的重要参数，气体通过填料层压降的大小决定了塔的动力消耗。压降与气、液流量有关，对于逆流操作的填料塔，在喷淋密度一定的情况下，气体通过填料层的压降随空塔气速的增大而增大。

如图 5.6 所示，在一定液体喷淋密度条件下，气体通过填料层时压降与空塔气速的关系曲线可以分为三个区域，分别对应三种状态。A 点以下的区域，气、液相负荷较小，气、液两相之间的相互作用不明显，填料层的持液量受空塔气速的影响不大，为恒持液区。在该区域内，气、液两相以膜式接触，压降与空塔气速成线性关系。从 A 点起，两相间相互作用增强，填料表面的液膜厚度和床层持液量均随空塔气速的增大而明显增大，压力增加明显，压力曲线在 A 点出现转折，该点称为载点。而后，随着两相间作用进一步加强，使得填料表面的液膜难以顺利流下，最终在 B 点处液体不能向下流动而产生液泛现象，B 点称为液泛点，其对应的空塔气速称为泛点气速，A-B 区域称为载液区。B 点以上的区域称为液泛区，在该区域，液相从分散相变为连续相，而气相则从连续相变为分散相。通常情况下，填料塔应在载液区操作。因此，对于一个给定的填料塔，确定其载点和液泛点，了解填料塔的流体力学性能对塔的操作非常重要。

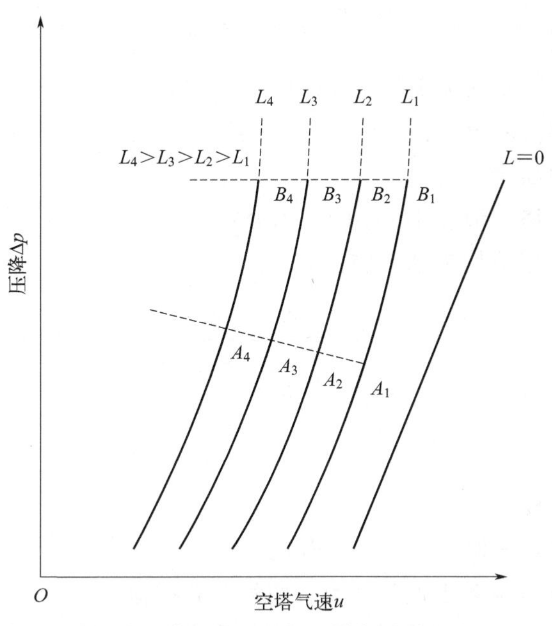

图 5.6 填料塔压降与空塔气速的关系

其中，空塔气速的计算：

$$u=\frac{G}{A} \tag{5.53}$$

式中 u——气体流速，m/h；

G——气体流量，m^3/h；

A——填料塔截面积，m^2。

（2）吸收-解吸过程综合实验

根据气液两相之间传质的双膜理论，溶解度小的气体即难溶气体的吸收或解吸过程，其传质阻力主要在液相，这时液相总传质系数（K_L）接近于液相传质系数（k_L），因此应用难溶气体的吸收或解吸过程测定填料塔的液相传质系数（K_L）或液相传质单元高度（H_L）是通常采用的方法。就气体在水中溶解度而论，H_2、O_2、N_2 及 CO_2 等都属难溶气体。本实验采用 O_2 在水中的吸收及解吸过程，测定填料塔的液相传质系数。吸收塔中通入的气体是空气；而解吸时用 N_2 作载气，在常温、常压下测定不同喷淋密度下液相传质系数。

填料塔中液相传质系数受喷淋密度的影响较大，而气速在拦液点以下并无明显影响。因此，本实验中控制一定的气体流量，主要改变水的流量以测其传质系数。

实验测定在一定高度的填料塔中进行。由于实验物系的相平衡关系为直线，根据解吸速率方程，填料层高度的计算式为

$$h=\frac{L}{K_x a}\times\frac{x_1-x_2}{\Delta x_m} \tag{5.54}$$

故液相传质系数为

$$K_x a=\frac{L}{h}\times\frac{x_1-x_2}{\Delta x_m} \tag{5.55}$$

式中　$K_x a$——液相总体积传质系数，$kmol/(m^3 \cdot h)$；

L——液体喷淋密度，$kmol/(m^2 \cdot h)$；

h——填料层高度，m；

x_1, x_2——塔顶、塔底液相中 O_2 的摩尔分数；

Δx_m——塔内液相平均推动力。

$$\Delta x_m=\frac{\Delta x_1-\Delta x_2}{\ln\dfrac{\Delta x_1}{\Delta x_2}}$$

$$\Delta x_1=x_1-x_{e1},\quad \Delta x_2=x_2-x_{e2},\quad x_{e1}=y_1/m,\quad x_{e2}=y_2/m$$

式中　m——相平衡常数；

y_1, y_2——塔顶、塔底气相中氧的摩尔分数。

吸收过程推动力方向与解吸过程相反，所用公式类似。

若在实验中，在稳定操作条件下，测得水的进出口氧浓度 x_1 和 x_2，水的流量 L，则可由式(5.55) 求得传质系数 $K_x a$。因为气相传质阻力可以忽略，故其值可认为是液相传质系数 $k_x a$，即 $k_x a \approx K_x a$。

根据实验测定，可以考查液相传质系数 $k_x a$（或 $k_L a$）与液体喷淋密度 L 的关系。一般情况下，填料塔的液相传质系数与液体喷淋密度的 0.6～0.8 次方成正比，即 $k_x a \propto L^{0.6\sim0.8}$。

3. 实验装置

本流程由饱和水塔、解吸塔、吸收塔及辅助设备组成，为一吸收-解吸过程综合实验。其流程如图 5.7 所示。

其中所用的 3 个填料塔均是内径 72mm 的不锈钢塔，内装 θ 环高效填料，其填料层高度均为 0.6m；实验用的测量仪表都装在仪表柜上，实验所用流量计均为转子流量计。

实验用水由原料水箱 7 提供，经泵 4 打入饱和塔 1 塔顶，其流量大小由流量计 12 计量。填料塔流体力学性能测定实验中，空气由泵 22 送入塔 1 的底部，流量由流量计 11 计量。吸收与解吸传质系数测定实验中，空气由泵 21 经流量计 17 送入塔 1，塔内压降由压差计 20 计量，气液两相充分接触后制备的饱和水流入饱和水罐 8，并由泵 5 直接送到解吸塔 2 顶部，其流量由流量计 13 计量；氮气由氮气瓶 23 供给，用流量计 15 计量流量；由解吸塔制备的贫氧液流入贫液罐，经泵 6 输送至吸收塔 3 塔顶，其流量由转子流量计 14 计量；来自空气泵 21 的空气经流量计 16 进入吸收塔塔底，吸收 O_2 后的水经富液罐 10 循环至原料水箱使用。实验中吸收塔和解吸塔均在常压下操作。

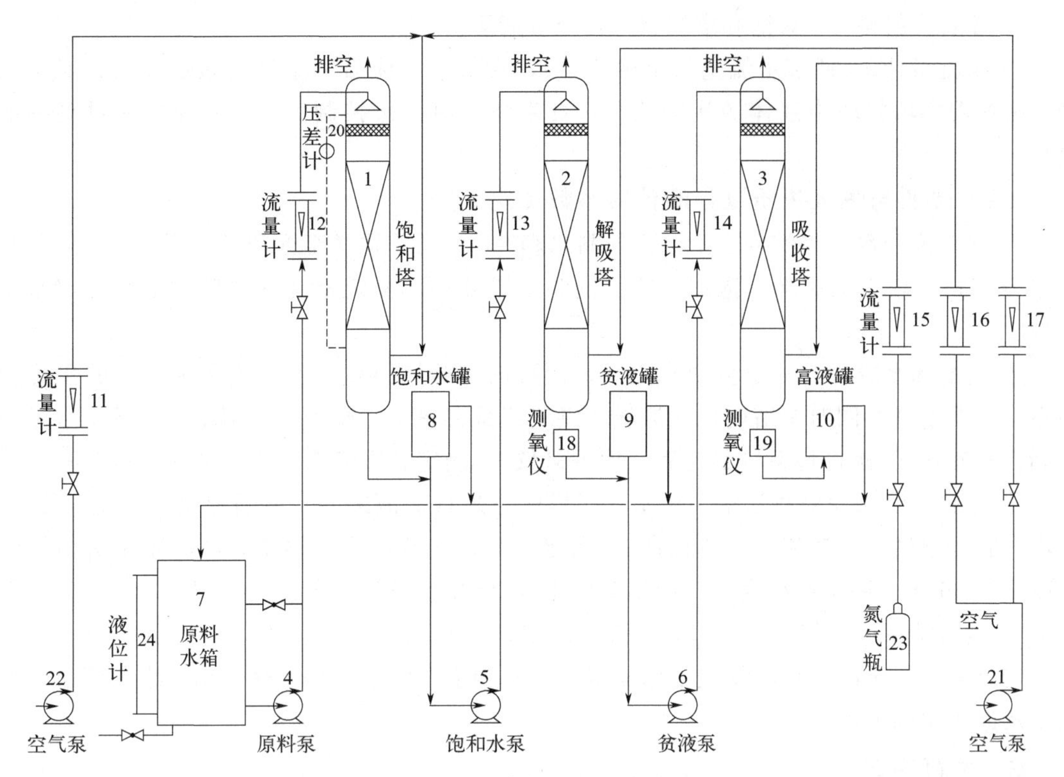

图 5.7 吸收与解吸实验流程

1—饱和塔；2—解吸塔；3—吸收塔；4—原料泵；5—饱和水泵；6—贫液泵；7—原料水箱；8—饱和水罐；9—贫液罐；10—富液罐；11，15～17—空气流量计；12～14—液体流量计；18，19—测氧仪；20—压差计；21，22—空气泵；23—氮气瓶；24—液位计

为了测定传质系数，除测定水和气体的流量外，实验采用荧光法测氧仪 18 和 19 分别测定解吸塔和吸收塔塔底水中的溶解氧浓度。

荧光猝灭法溶解氧检测原理

4. 实验要求

① 学生根据吸收-解吸的基本原理及本装置条件确定实验内容；

② 确定数据采集点，获取必需的实验数据；

③ 拟定实验步骤和操作方法；保证实验数据的准确性及可靠性，在具体熟悉了实验装置及流程并了解了实验方法，经指导教师同意后开始实验操作；

④ 按拟定的实验步骤进行实验，在获取必要的数据后，经指导教师同意，停止实验操作；

⑤ 整理实验数据，写实验报告。

5. 实验步骤

实验内容包含填料塔流体力学性能测定、吸收与解吸传质过程的传质系数测定两部分，实验基本操作步骤如下。

（1）填料塔流体力学性能测定

① 开启实验装置总电源，开启空气泵 22，经流量计 11 由小到大调节空气流量，测定饱和塔干填料塔压降，记录至少 8 组实验数据。

② 开启原料泵 4，对饱和塔填料进行充分润湿。

③ 经流量计 12 调节水流量（至少 3 组），在每个水流量下重复实验步骤①。实验过程中注意观察填料塔中液体的流动状况，发生液泛时注意控制气速，避免气速过高冲散填料。

（2）吸收与解吸传质过程的传质系数测定

① 制取饱和水，将实验用水注入原料水箱 7，由泵 4 输送至饱和塔 1 顶部，由空气泵 21 将空气送入塔 1 的底部，饱和水流至饱和水罐 8 中，测定饱和水温度，查表确定水中氧浓度。

② 当饱和水罐 8 有一定量的水之后，即可向解吸塔供水，注意饱和水罐 8 的水量应略多于所需水量。同时向塔内通入氮气，氮气流量在整个实验中保持恒定。实验中水量由小到大改变 4～6 次，待系统稳定后，用测氧仪 18 测定解吸塔塔底水样的氧浓度。

③ 开启贫液泵向吸收塔塔顶供水，同样注意来自贫液罐的水量需充足。经空气泵 21 向塔内通入空气，空气流量由流量计 16 测定，并在实验中保持恒定。实验中水量由小到大改变 4～6 次，待系统稳定后，用测氧仪 19 测定吸收塔底水样的氧浓度。

④ 实验结束后，停水、停气，并停测氧仪。

实验中要记录的数据包括进塔水流量、氮气和空气流量、塔压降、出塔水中溶解氧浓度以及饱和水的温度。

6. 注意事项

在进行实验操作前，首先应设计一合理操作程序，每一步操作要认真确认，避免错误操作造成事故。本实验应注意以下几个关键点。

① 本系统三塔串联操作，要注意系统物料平衡。总的原则是，保持上游塔的水流量略大于下游塔的水流量即可。

② 本实验中，先测定解吸过程再测定吸收过程，也可以两个过程同时测定。

③ 每次改变操作条件都需要足够的稳定时间。其原因是系统内液体需要足够时间置换，否则所测样品的读数并非当前样品的结果。

④ 实验中采集数据不能漏项。例如水温度、填料层高度、塔流通截面、氮气及空气的流量等。

⑤ 实验开始阶段应适当加大流量排出气泡，确定管道内无气泡之后进行实验。否则将引起实验结果有较大误差。

7. 实验装置的多功能设计

① 填料塔的流体力学性能测定。

② 解吸与吸收传质过程的传质系数测定。

③ 喷淋密度对传质过程的影响。

④ 气液比对吸收、解吸传质过程的影响。

⑤ 解吸塔操作对吸收塔传质过程的影响。

⑥ 填料性能对传质过程的影响。

⑦ 填料高度对传质过程的影响。

⑧ 液相分布对传质过程的影响。

⑨ 操作温度对传质过程的影响。
⑩ 填料塔持液量的测定。
⑪ 吸收与解吸传质过程的比较。
⑫ 吸收与解吸操作过程的调优。
⑬ 其他物系吸收与解吸过程的可行性研究。

8. 思考题

① 填料塔发生液泛的原因和现象是什么？
② 用 N_2 解吸水中的 O_2 为什么是液膜控制过程？
③ 绘图表示平衡线和操作线之间的关系，并说明不同喷淋密度下的操作线有何变化？
④ 实验过程中为计算不同喷淋密度下的液相体积传质系数需要测定哪些参数？
⑤ 分析本实验吸收和解吸过程的液相体积传质系数是否相等？为什么？

9. 实验记录

姓名：________ 同组者：________________ 班级：________
实验日期：________ 指导教师：________

数据记录

饱和塔内径：________ mm　填料尺寸：________ mm　填料层高度：________ mm

饱和塔流体力学性能测定

第一组					第二组					第三组				
序号	喷淋量 L /(L/h)	载气量 G /(L/h)	气速 /(m/s)	压降 Δp /(kPa)	序号	喷淋量 L /(L/h)	载气量 G /(L/h)	气速 /(m/s)	压降 Δp /(kPa)	序号	喷淋量 L /(L/h)	载气量 G /(L/h)	气速 /(m/s)	压降 Δp /(kPa)
1					1					1				
2					2					2				
3					3					3				
4					4					4				
5					5					5				
6					6					6				
7					7					7				
8					8					8				
9					9					9				
10					10					10				

数据记录

解吸塔内径：________ mm　填料尺寸：________ mm　填料层高：________ mm
室温：________℃　饱和水样温度：________℃　饱和水溶解氧量：________ mg/L
实验水密度：________ kg/m^3　黏度：________ Pa•s

解吸塔传质系数测定

序号	喷淋量 L		载气量 G		操作温度/℃	塔底水含氧量 x_2			塔顶水含氧量 x_1			塔顶气体氧含量 y_1	常压下水中氧平衡常数 m	与 y_1 成平衡液相浓度 x_{e1}	传质单元数 $N_{OL}=\frac{x_1-x_2}{\Delta x_m}$					传质系数 K_xa /[kmol/(m³·h)]	溶液总摩尔浓度 c /(kmol/m³)	液相传质系数 K_La /(1/h)
	/(L/h)	/[kmol/(m²·h)]	/(L/h)	/[kmol/(m²·h)]		测氧仪读数/(mg/L)	质量比	摩尔分数	测氧仪读数/(mg/L)	质量比	摩尔分数	摩尔分数	—	摩尔分数	x_1-x_2	Δx_1	Δx_2	$\ln\frac{\Delta x_1}{\Delta x_2}$	N_{OL}			
1																						
2																						
3																						
4																						
5																						
6																						
7																						
8																						
9																						
10																						

数据记录

解吸塔内径：________ mm　填料尺寸：________ mm　填料层高：________ mm

吸收塔传质系数测定

序号	喷淋量 L		载气量 G		操作温度/℃	塔底水含氧量 x_1			塔顶水含氧量 x_2			塔底气体氧含量 y_1	塔顶气体氧含量 y_2	常压下水中氧平衡常数 m	与 y_1 成平衡液相浓度 x_{e1}	与 y_2 成平衡液相浓度 x_{e2}	传质单元数 $N_{OL}=\frac{x_1-x_2}{\Delta x_m}$					传质系数 K_xa /[kmol/(m³·h)]	溶液总摩尔浓度 c /(kmol/m³)	液相传质系数 K_La /(1/h)
	/(L/h)	/[kmol/(m²·h)]	/(L/h)	/[kmol/(m²·h)]		测氧仪读数/(mg/L)	质量比	摩尔分数	测氧仪读数/(mg/L)	质量比	摩尔分数	摩尔分数	摩尔分数	—	摩尔分数	摩尔分数	x_1-x_2	Δx_1	Δx_2	$\ln\frac{\Delta x_1}{\Delta x_2}$	N_{OL}			
1																								
2																								
3																								
4																								
5																								
6																								
7																								
8																								
9																								
10																								

实验 6 精馏综合实验

在化工、轻工、石油等生产过程中所处理的原料、中间产物或粗制产物大都是含有几个组分的均相混合物。为了满足工业生产或环境保护等的需要，必须将这些混合物分离为指定的纯度。精馏就是分离均相液体混合物的方法之一。

精馏塔是完成精馏分离的主要设备，精馏塔内装有提供气液两相逐级接触的塔板（此种塔称为板式塔）或连续接触的填料等（此种塔称为填料塔）。常规精馏装置中除含有精馏塔之外，还设有塔底再沸器、塔顶冷凝器、冷凝罐、进料罐、进料泵、产品泵、进料预热器、产品冷却器等设备，同时采用一些必要的检测和调节设施，如设置测温、测压装置以及流量调节装置等。

精馏过程的分离程度除与上述精馏设备的结构形式和性能有关外，还与物料的性质、操作条件、气液流动情况有关。

为了确定精馏塔的分离性能、了解其操作情况、为实际设计及精馏塔核算提供依据，必须进行精馏过程的实验研究工作。

1. 实验目的

① 熟悉常规精馏装置的工艺流程，了解板式塔或填料塔的结构及特点；

② 掌握精馏过程的操作及操作原理、调节方法；

③ 在全回流及部分回流条件下，测定板式塔的全塔效率，或测定填料塔的填料层等板高度；

④ 观察板式塔的液泛和漏液等现象，或观察填料塔的载液和液泛现象；

⑤ 观察精馏塔内气、液两相的接触状态；

⑥ 了解气相色谱法测定混合物组成的方法。

2. 实验原理

精馏是利用混合物中各组分挥发度的不同将均相液体混合物进行分离。在精馏塔中，再沸器或塔釜产生的蒸汽沿塔逐渐上升，来自塔顶冷凝器的回流液从塔顶逐渐下降，气液两相在塔内实现多次接触，进行传质、传热，使混合液达到一定程度的分离。如果离开某一块塔板或某一段填料的气相和液相的组成达到平衡，则该塔板或该段填料称为一块理论板或一个理论级。然而在实际操作的塔板上或一段填料层中，由于气液相接触的时间有限，气液相达不到平衡状态，即一块实际操作的塔板或一段填料层的分离效果常常达不到一块理论板或一个理论级的作用。因此，要想达到一定的分离要求，实际操作的塔板数总要比所需的理论板数多，或所需的填料层高度比理论上的高。

对于二元物系，若已知操作条件下的气液平衡数据，则可根据塔顶馏出液的组成 x_D、原料液的组成 x_F、塔底釜液的组成 x_W、操作回流比 R 和进料热状态参数 q，利用图解法或逐板计算法求出理论塔板数或填料层的理论级数。

由于精馏塔包含板式精馏塔和填料精馏塔，故本实验需根据装置具体情况进行计算。

（1）板式精馏塔

本实验装置可采用色谱分析法测定塔顶馏出液组成 x_D、釜液组成 x_W 及进料组成 x_F（均为易挥发组分的摩尔组成，下同），由此计算塔的理论级数和全塔效率、某一塔板的单板效率。

① 板式塔的全塔效率　在板式精馏塔中，完成一定分离任务所需的理论塔板数与实际塔板数之比定义为全塔效率（或总板效率），即

$$E_T=\frac{N_T}{N_P} \tag{5.56}$$

式中　E_T——全塔效率（总板效率）；

N_T——理论塔板数（不含釜或再沸器所相当的一块板）；

N_P——实际塔板数。

在本板式塔精馏实验操作中，已知塔的实际板数 N_P 及实际进料位置 N_{PF}，为确定总板效率 E_T，需计算塔完成一定分离任务所需要的理论塔板数 N_T。

全回流操作时，测得塔顶馏出液组成 x_D 及塔釜排出液组成 x_W，可直接图解（也可用其他方法）求出理论板数 N_T；当塔在一定的回流比 R 下操作时，可利用图 5.8 中的阶梯法求理论板数 N_T 及理论进料位置 N_{TF}，方法如下：

a. 根据样品分析结果确定 x_D、x_W 及进料组成 x_F。

b. 根据进料温度 t_F 及进料组成 x_F，由式(5.57) 确定进料热状态参数 q。

$$q=\frac{H-i_F}{\gamma} \tag{5.57}$$

式中　H——进料温度和组成下饱和蒸汽的焓，kJ/kmol；

i_F——进料流体的焓，kJ/kmol；

γ——进料温度和组成下的汽化潜热（相变热），kJ/kmol。

c. 图解法确定塔的理论板数和理论最佳进料位置（根据回流液的温度及塔顶组成 x_D 计算回流液的热状态参数 q^*，由 $R^*=Rq^*$ 计算塔内实际回流比，用该回流比计算理论塔板数，详见化工原理教材）。

d. 图解法确定实际进料位置对应的理论进料位置 N_F'(参照图 5.8，图中理论进料板为第 4 块)。图 5.8 中 x_M（或 x_N）为实际测得的进料板上的溶液组成，此点对应的板即为非最佳进料位置（或实际进料位置）对应的理论进料位置 N_F'。

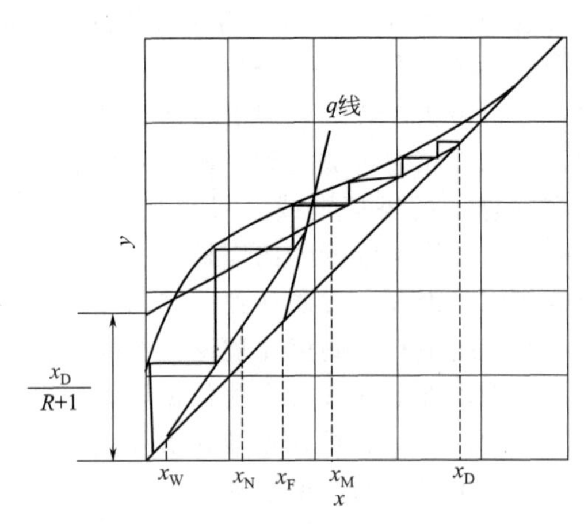

图 5.8　部分回流时求理论塔板数

e. 根据 N_T 及 N_F'、N_P 及 N_{PF}，可由式(5.56) 计算全塔的总板效率及精馏段（注意减去进料板）的总板效率。

② 板式塔的单板效率 如果测出相邻两块塔板的气相和液相组成，则可计算塔的单板效率（塔板数自上向下数）。

对于气相

$$E_{MV}=\frac{y_{n+1}-y_n}{y_{n+1}-y_n^*} \tag{5.58}$$

对于液相

$$E_{ML}=\frac{x_n-x_{n-1}}{x_n^*-x_{n-1}} \tag{5.59}$$

式中 E_{MV}——以气相浓度表示的单板效率；

E_{ML}——以液相浓度表示的单板效率；

y_n——离开 n 板的气相组成；

y_{n+1}——进入 n 板的气相组成；

x_n——离开 n 板的液相组成；

x_{n-1}——进入 n 板的液相组成；

y_n^*——与 x_n 平衡的气相组成；

x_n^*——与 y_n 平衡的液相组成。

在任一回流比 R 下，只要测出进出塔板 n 的气相组成和液相组成，根据相平衡关系，就可求得在该回流比 R 下的塔板 n 的单板效率。

在本实验中，塔的单板效率在全回流的情况下测得，此时回流比 R 为无穷大，操作线与对角线重合，因此，$y_n=x_{n-1}$，$y_{n+1}=x_n$。即在全回流情况下，如果测出相邻两板 n 与 $n-1$ 的液相组成 x_n、x_{n-1}，并由平衡关系求出 y_n^*（或 x_n^*），就可由式(5.58)或式(5.59)求出第 n 板的单板效率。有关原理见图5.9。

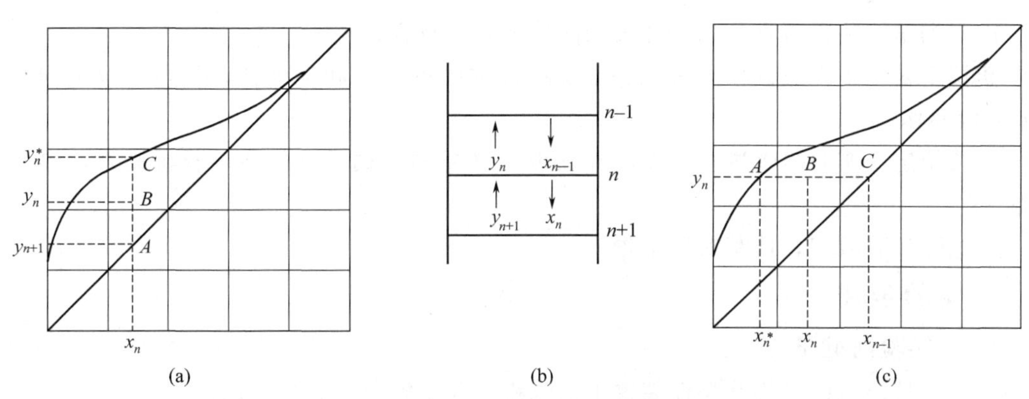

图5.9 全回流时单板效率计算图解说明

（2）填料精馏塔

在填料精馏塔中，塔中两相传质的优劣主要由填料性能及气液两相的流量及气液两相分布情况所决定。当液体流量（精馏的回流量）一定时，气体流速增加（通过增大塔釜加热负荷实现），则填料塔内的持液量增加、液膜增厚，塔压随之增加。当气速增大到某一值时，塔内某一填料截面上开始拦液，此种现象称为拦液现象，开始发生拦液现象时的空塔气速称为载点气速。如果气速继续增大，则填料层内持液量不断增加，出现拦液现象后，再增加气速产生液泛，此时的空塔气速称为液泛气速。正常操作的空塔气速应为液泛气速的 50%～80%，常作为设计塔径和塔高的依据。

在填料塔设计时，常常需要所用填料的等板高度（理论板当量高度）数据。填料的等板高度是指气液两相经过一段填料层作用后，其分离能力相当于一块理论板的分离能力，则这段填料的高度称为理论板当量高度（或等板高度），用 HETP 表示。因此，根据分离所需的理论级数 N_T 和等板高度 HETP，即可求出填料层高度

$$h = N_T \times \mathrm{HETP} \tag{5.60}$$

式中 h——填料层实际高度，m；

HETP——填料等板高度，m；

N_T——分离所需的理论级数。

填料的等板高度取决于填料的种类、填料形状及尺寸、气液两相流体的物性和流速等。在全回流或部分回流的情况下，根据求出的理论级数 N_T（方法同板式精馏塔）及实际填料层高度 h，就可由式(5.60) 求出填料的理论板当量高度 HETP。

3. 实验装置

本实验的精馏装置包括以下设备：精馏塔、冷凝器、原料罐、进料泵和回流泵等。实验流程见图 5.10，精馏塔的相关参数见表 5.3。

表 5.3 精馏塔参数一览表

设备名称	塔体内径/mm	总板数	进料口位置/板（或 mm）	孔径/每板孔数/(mm/个)	板间距/mm	最大加热功率/kW
筛板精馏塔	ϕ68	12	7、9、11（从上到下数）	ϕ3/50	100	4.5

4. 实验要求

① 根据精馏装置所具备的条件及功能确定实验流程；

② 拟定实验步骤及操作方法，保证实验数据的可靠性和准确性，经指导教师同意后开始实验操作；

③ 按拟定的实验步骤进行实验，在获取到必要的数据后，经指导教师同意，停止实验操作；

④ 整理实验数据，撰写实验报告。

5. 实验步骤

（1）实验前准备

① 熟悉精馏塔的结构和精馏装置工艺流程，并了解各部分的作用。

② 了解装置力控平台的功能。

③ 检查蒸馏釜中料液量和组成是否适当，检查各阀门的状态。一般精馏操作，釜中液面保持在液面计的 2/3 左右；釜内料液为乙醇水溶液，乙醇质量分数控制在 20%～30%。

④ 接通电源，打开塔顶风冷器，调节塔釜加热功率至一定值，对精馏塔进行加热。

（2）全回流操作

① 开启回流泵，关闭塔顶产品流量计，调节回流流量计开度，将塔顶蒸汽冷凝液全部冷凝并回流至精馏塔中。

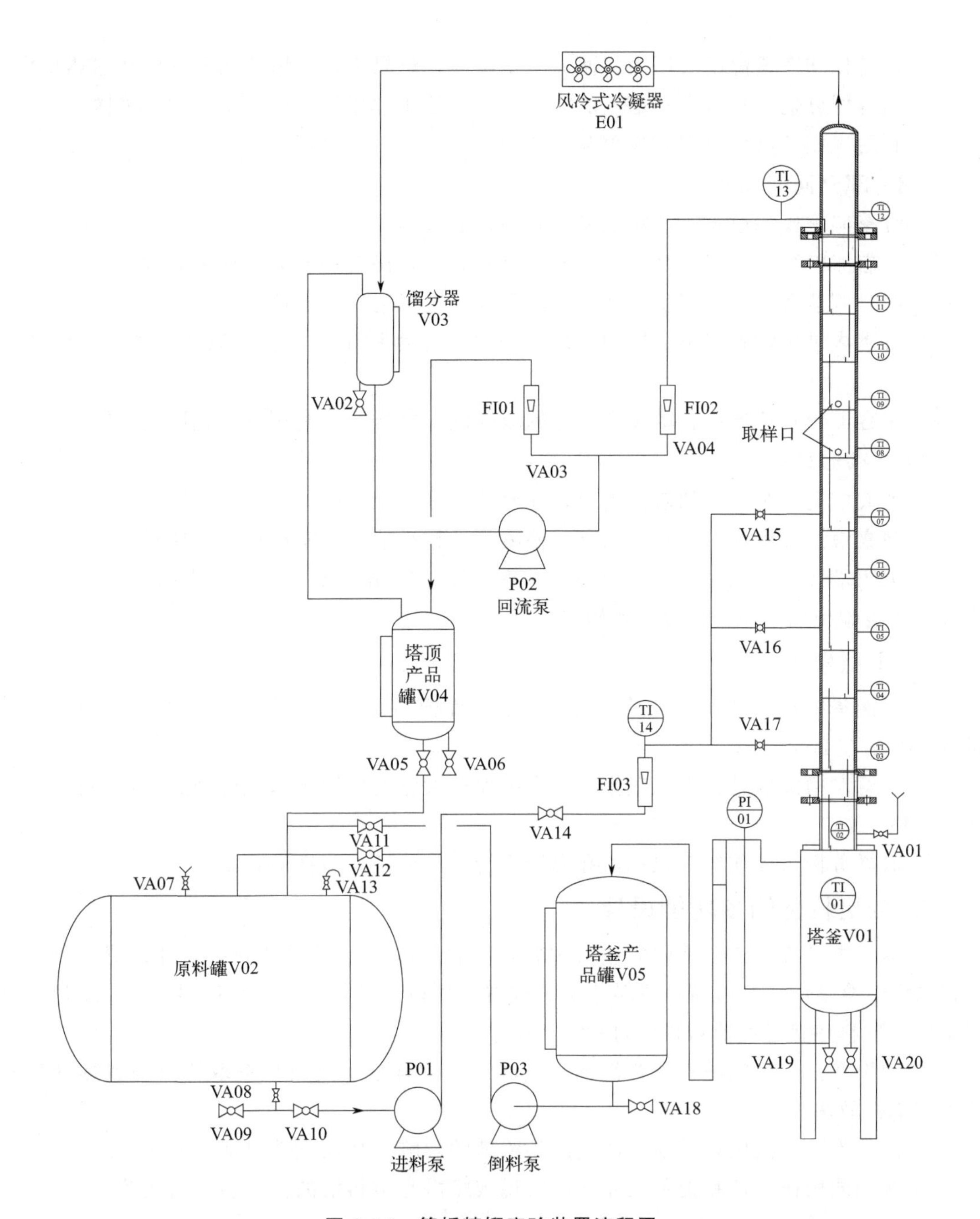

图 5.10 筛板精馏实验装置流程图

阀门：VA01—塔釜加料阀；VA02—馏分器取样阀；VA03—塔顶采出流量调节阀；VA04—塔回流流量调节阀；VA05—塔顶产品罐放料阀；VA06—塔顶产品罐取样阀；VA07—原料罐加料阀；VA08—原料罐放料阀；VA09—原料罐取样阀；VA10—原料罐出料阀；VA11—塔釜产品倒料阀；VA12—原料罐循环搅拌阀；VA13—原料罐放空阀；VA14—进料流量调节阀；VA15—塔体进料阀 1；VA16—塔体进料阀 2；VA17—塔体进料阀 3；VA18—塔釜产品罐取样阀；VA19—塔釜放净阀；VA20—塔釜取样阀

温度：TI01—塔釜温度；TI02—塔身下段温度 1；TI03—进料段温度 1；TI04—塔身下段温度 2；TI05—进料段温度 2；TI06—塔身中段温度；TI07—进料段温度 3；TI08—塔身上段温度 1；TI09—塔身上段温度 2；TI10—塔身上段温度 3；TI11—塔身上段温度 4；TI12—塔顶温度；TI13—回流温度；TI14—进料温度

压力：PI01—塔釜压力

流量：FI01—塔顶采出流量计；FI02—回流流量计；FI03—进料流量计

② 待塔顶和塔釜温度及压力、回流量稳定后，记录塔釜、塔顶的温度以及加热功率。

③ 用容器分别采集塔顶和塔釜的样品，容器使用前用样品液润洗三次后采样。

④ 利用气相色谱仪分别对塔顶和塔釜的样品浓度进行分析。

（3）部分回流操作

① 按全回流操作要求，待精馏塔达到稳定的全回流状态。

② 开启原料泵，选择进料位置并打开进料阀门，调节进料流量计至适宜的流量。

③ 同时调节塔顶产品流量计和回流流量计，选择适宜回流比。

④ 待塔内进出物料流量、塔顶和塔釜温度及压力稳定后，记录原料、塔釜和塔顶的温度。

⑤ 用容器分别从原料、塔顶和塔釜的取样阀采集样品，利用气相色谱仪分析浓度。

（4）实验结束

① 加大电流，观察塔的液泛现象，此时塔的操作压力明显增加。

② 观察液泛现象后，将加热功率缓慢减小至较小值，观察严重漏液现象。

③ 关闭塔底加热电源开关，使加热功率为零，待塔内没有回流时将风冷式冷凝器关闭。清理实验现场，使其恢复到实验前状态。

6. 注意事项

① 蒸馏釜中料液量和组成要适当。釜中液面保持在液面计的 2/3 左右；釜内乙醇质量分数控制在 20%～30%。

② 注意对精馏塔进行不凝气排放（塔顶保持微量气体冒出），以消除不凝气对精馏操作的影响。

③ 取样分析组成前应对取样器和容器进行三次清洗，清洗液收集。

7. 实验装置的多功能设计

① 本装置设置了三个不同的进料位置，实验过程中可根据塔的不同进料情况分离程度优选出最合适的进料位置；在某个进料位置，可以改变进料组成和进料状态，来讨论进料组成和进料热状态参数对操作过程的影响。

② 如果在三个不同进料位置设置了测温点和取样点，则可根据取样点的数据计算对应板的单板效率。

③ 比较不同回流比对塔顶和塔釜产品浓度的影响，从而优选出适宜回流比。

④ 在相同操作条件和设备尺寸下，实现板式塔与填料塔的分离能力的比较。

8. 思考题

① 什么是全回流？全回流在精馏操作中有什么实际意义？

② 常压操作的含义是什么？对于常压操作的精馏塔，其塔顶压力一定是常压吗？为什么？

③ 塔釜加热热负荷的大小对精馏塔操作有什么影响？

④ 实验过程中进料状态为冷进料，当进料量过大时会导致什么后果？应该如何调节？

⑤ 改变进料位置对精馏塔分离性能有何影响？

⑥ 增大回流比的方法有哪些？怎样操作最合适？

⑦ 板式塔气液两相的流动特点是什么？

9. 实验记录

姓名：________ 同组者：________________ 班级：________ 实验日期：________ 指导教师：________

数据记录

板式塔 塔径：________mm 板间距：________mm 塔板数：________ 筛孔直径：________mm

填料塔 填料类型：________ 填料尺寸：________ 填料层高度：________mm

回流方式	加热电流功率/kW	塔内压强(表压)/kPa	塔顶				塔底			进料				进料量/(mL/min)	塔顶回流量/(mL/min)	塔顶采出量/(mL/min)	回流比 R	塔内实际回流比 R^*	理论板数 N_T	理论进料位置 N_F
			温度/℃	质量分数/%	摩尔分数	回流液热状态参数 q^*	温度/℃	质量分数/%	摩尔分数	温度/℃	质量分数/%	摩尔分数	热状态参数 q							
全回流																				
部分回流																				

附件 1 气相色谱仪

仪器的基本组成如图 5.11 所示。

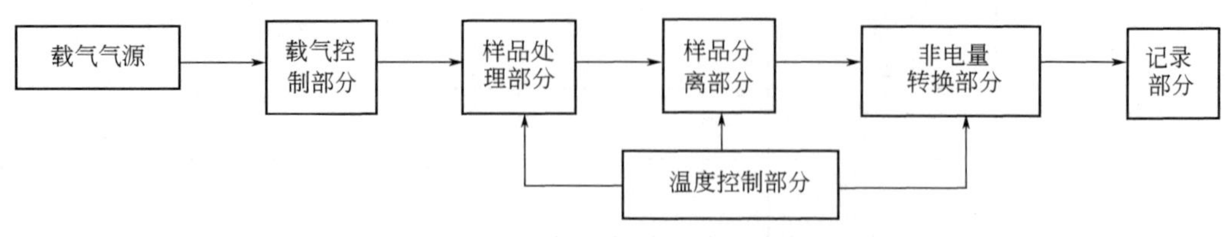

图 5.11 气相色谱仪基本组成

（1）载气气源及控制部分

载气由氢气发生器供给。载气进入仪器后，由稳压阀将载气的压力稳定，再经过稳流阀使流量恒定。经过压力表显示压力，然后进入汽化室进样器。

（2）样品处理及分离部分

如被测物为液体，要经过样品处理后方可进样。样品处理过程主要在汽化室完成。由温度控制器对汽化室加热至一定温度并保持此温度恒定。样品在汽化室中汽化后进入色谱柱。色谱柱内填充固定相，固定相与样品间的相互作用用分配系数表示，它表示固定相对物质的吸附和溶解能力。也就是说混合物各组分在固定相和流动相之间有不同的分配系数，这个分配系数随物质的性质和结构不同而有所差异。分配系数较小的组分，也就是被固定相吸附或溶解能力较小的组分，移动速率快；反之，分配系数大的组分移动速率慢。只要组分之间分配系数有差异，混合物在两相中经过反复多次的分配，差距会逐渐地拉大，最后分配系数较小的组分先流出，分配系数较大的组分后流出，从而混合物的各组分得到了分离。

（3）非电量转换、电量测量及记录部分

非电量转换主要通过检测器实现。以热导检测器为例，其主要部分是热导池，它由金属块做成。热导池上有四个孔，孔内插有热敏元件，热敏元件一般是由铼钨丝做成惠斯登电桥，如图 5.12 所示。其中两个臂为参考池，即图中 R_1、R_3；另两个臂为测量池，即图中 R_2、R_4。热导池被温度控制器加热并恒定，当被测气体从色谱柱后流入检测器时，被测气体和载气（测量池）的热导率与纯载气（参考池）的热导率是不同的，因此在热敏元件上带走了不同的热量，引起其阻值的改变，从而破坏了桥路平衡，即 $R_1/R_2=R_4/R_3$ 的条件，在电桥线路上就产生了一个信号（不平衡电量），使非电量转变成了电量，经过放大后送到记录仪留下了样品浓度的函数图形，这就是色谱峰。可通过求峰面积的方法或者由色谱数据处理算出样品浓度。另一检测器是氢火焰电离检测器，这方面内容请参阅有关资料。

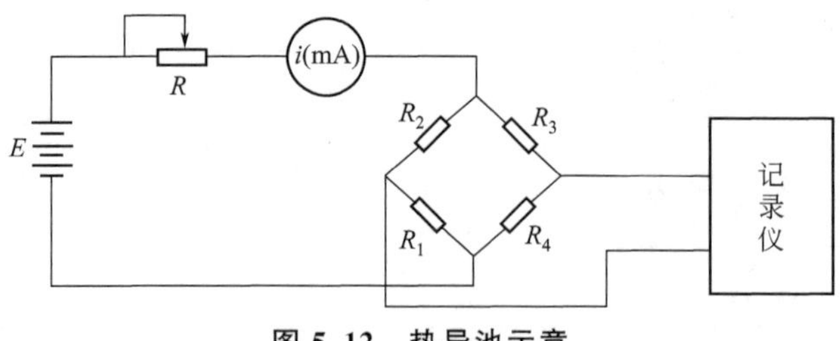

图 5.12 热导池示意

（4）使用方法

① 开载气气源——氢气发生器开关，使减压表指示0.25MPa。

② 调节仪器上载气针型阀，使仪器压力表稳定在0.12MPa。把尾气管引出室外。

③ 打开仪器总开关至启动位置，再打开层析室、热导检测室、汽化室的电源开关，调节层析室、热导检测室、汽化室的温度控制旋钮，将温度分别控制在给定值上，进行恒温。

④ 记录仪：记录仪采用色谱工作站。色谱工作站由硬件和软件两部分组成。它以计算机为基础，配备上色谱数据采集卡和色谱工作站软件而成。通过色谱数据采集卡，使计算机与色谱仪相连，在色谱工作站软件控制下，对色谱检测器输出的色谱流出峰模拟信号进行转换、采集、存储和处理，打印出谱图和分析报告。

在指导教师的指导下，打开计算机，启动色谱工作站软件。温度恒定以后，用微量注射器抽取一定量的液体注入汽化室进入色谱柱。同时按下开始键，待色谱峰面积全部出完以后按停止按钮，此时色谱工作站即可打印出被分析样品的各组分浓度。

⑤ 分析结束，先关各电源开关，后关氢气发生器开关。

附件2 乙醇水溶液在常压下的汽液平衡数据

t/℃	100.0	95.5	89.0	86.7	85.3	84.1	82.7	82.3
x/摩尔分数	0	0.019	0.072	0.097	0.124	0.166	0.234	0.261
y/摩尔分数	0	0.170	0.389	0.438	0.470	0.509	0.545	0.558
t/℃	81.5	80.7	79.8	79.7	79.3	78.7	78.4	78.2
x/摩尔分数	0.327	0.397	0.508	0.520	0.573	0.676	0.747	0.894
y/摩尔分数	0.583	0.612	0.656	0.660	0.684	0.739	0.782	0.894

附件3 常压下乙醇-水溶液的 x-y 图

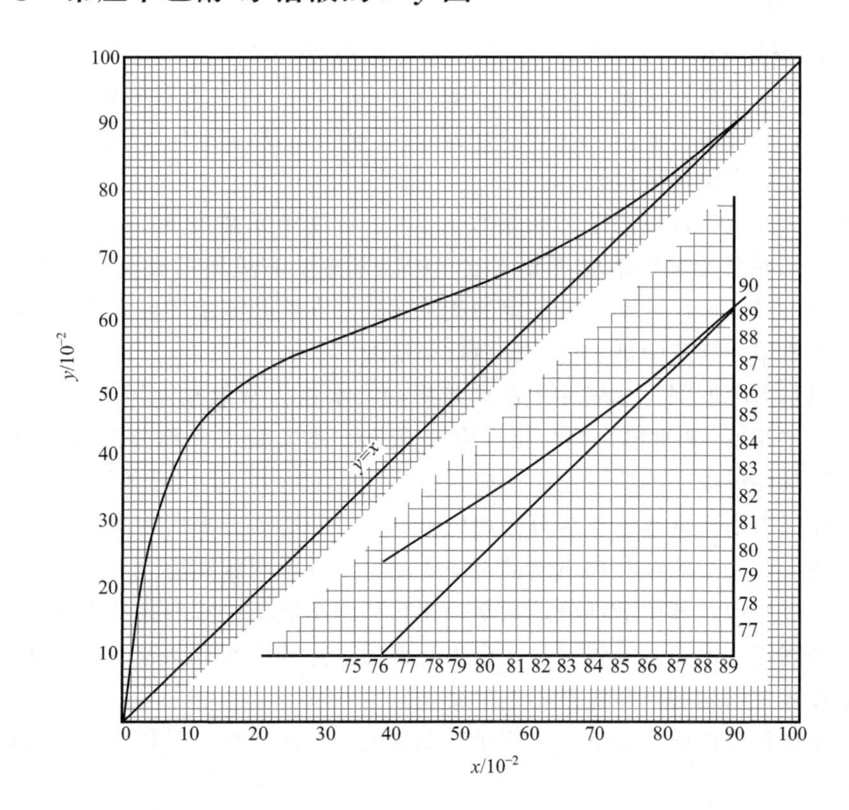

实验 7 液-液萃取实验

液-液萃取是两相间的传质过程。为了使溶质能更快地从原料液进入萃取剂中，要求萃取在设备内两相间获得较高的传质效果，首先要使两相密切接触、充分混合，而后使传质后的两相能较快地彻底分离，以提高萃取分离效果。萃取设备中形成的液滴越小，两相间的传质面积越大，传质也越快。填料萃取塔是被广泛应用的一种萃取设备，具有结构简单、造价低、操作方便、便于安装和制造等优点；缺点是效率低，不适合处理含有固体悬浮物的原料。塔内填料的作用可以使分散相液滴不断破碎与聚合，以使液滴的表面不断更新，造成相际间的质量交换；减少连续相的纵向混合。常用的填料为拉西环和弧鞍形填料。

1. 实验目的

① 了解萃取过程的基本原理；

② 了解脉冲填料萃取塔的结构；

③ 熟悉液-液脉冲填料萃取塔的操作和性能参数测定方法；

④ 了解全塔物料衡算和脉冲填料萃取塔操作的过程分析；

⑤ 测定一定脉冲速度下的液-液萃取体积总传质系数；

⑥ 测定一定脉冲振幅下的液-液萃取体积总传质系数；

⑦ 了解脉冲填料萃取塔传质效率的强化原理和策略。

2. 基本原理

萃取是利用液体混合物中各组分对某一溶剂的溶解度存在一定的差异来分离液体混合物的一种单元操作。萃取又称溶剂萃取或液液萃取（以区别于固液萃取，即浸取），亦称抽提（通用于石油炼制工业），是一种用液态的萃取剂处理与之不互溶的双组分或多组分溶液，实现组分分离的传质过程。

萃取塔的分离效率可以用总传质系数 $K_{YE}a$、传质单元高度 H_{OE} 或理论级当量高度 HETP 表示。影响脉冲填料萃取塔分离效率的因素主要有填料的种类、轻重两相的流量及脉冲强度等。对几何尺寸和填料一定的实验设备，在两相流量固定条件下，脉冲强度或速度增加，传质单元高度降低，塔的分离效率增加。

本实验以水为萃取剂，从煤油中萃取苯甲酸。水相为萃取相，用 E 表示，本实验中又称连续相（重相）；煤油相为萃余相，用 R 表示，本实验中又称分散相（轻相）。轻相入口处，苯甲酸在煤油中的质量比组成应保持在 0.0015～0.0020kg 苯甲酸/kg 煤油为宜。轻相（煤油相）由塔底进入，作为分散相向上流动，经塔顶分离后由塔顶流出。重相（水相）由塔顶进入，作为连续相向下流动至塔底流出。轻重两相在塔内呈逆向流动进行质量传递。在萃取过程中，苯甲酸部分地从萃余相转移到萃取相。萃取相及萃余相进出口浓度由容量分析法测定。由于水与煤油是完全不互溶的，且苯甲酸在两相中的浓度都很低，可认为在萃取过程中两相的体积流量不发生变化。

本实验以体积总传质系数 $K_{YE}a$ 表示萃取单元的传质效率，具体计算过程如下。

(1)按萃取相计算传质单元数 N_{OE}

$$N_{OE}=\int_{Y_{Et}}^{Y_{Eb}}\frac{dY_E}{Y_E^*-Y_E} \tag{5.61}$$

式中 Y_{Et}——苯甲酸在进入塔顶的萃取相中的质量比组成，kg 苯甲酸/kg 水，本实验中 $Y_{Et}=0$；

Y_{Eb}——苯甲酸在离开塔底萃取相中的质量比组成，kg 苯甲酸/kg 水；

Y_E——苯甲酸在塔内某一高度处萃取相中的质量比组成，kg 苯甲酸/kg 水；

Y_E^*——与苯甲酸在塔内某一高度处萃余相组成 X_R 成平衡的萃取相中的质量比组成，kg 苯甲酸/kg 水。

用 Y_E-X_R 图上的分配曲线与操作线可求得 $1/(Y_E^*-Y_E)$-Y_E 关系，再进行图解积分可求得传质单元数 N_{OE}。对于水-煤油-苯甲酸物系，Y_E-X_R 图上的分配曲线可由实验测定得出。由传质单元数 N_{OE} 和填料塔有效高度即可求出塔的传质单元高度 H_{OE}。

(2)按萃取相计算传质单元高度 H_{OE}

$$H_{OE}=\frac{H}{N_{OE}} \tag{5.62}$$

式中 H——萃取塔的有效高度（填料层高度），m；

H_{OE}——按萃取相计算的传质单元高度，m。

(3)按萃取相计算的体积传质系数

$$K_{YE}a=\frac{q_{mS}}{H_{OE}A} \tag{5.63}$$

式中 q_{mS}——萃取相中纯溶剂的流量，kg 水/h；

A——萃取塔截面积，m^2；

$K_{YE}a$——按萃取相计算的体积总传质系数，kg 苯甲酸/(m^3·h·kg 苯甲酸/kg 水)。

3. 实验装置

本实验装置的流程如图 5.13 和图 5.14 所示。萃取塔为脉冲式填料萃取塔，塔径 ϕ100mm，塔体总高 1800mm，塔中填料高度 1000mm。在塔的下部和上部轻重两相的入口管分别在塔内向上或向下延伸约 200mm，分别形成两个分离段，轻重两相将在分离段内分离。水相和油相的输送用磁力驱动泵，油相和水相的计量用转子流量计。脉冲空气由频率调节仪控制电磁阀的接通时间和断开时间而形成。脉冲强度可通过脉冲压力和脉冲频率反映出。脉冲压力可从面板上的压力表读出，其大小可用面板后的针形阀来调节；脉冲频率可从频率调节仪上读出，其大小可通过频率调节仪的触摸按键来调节。

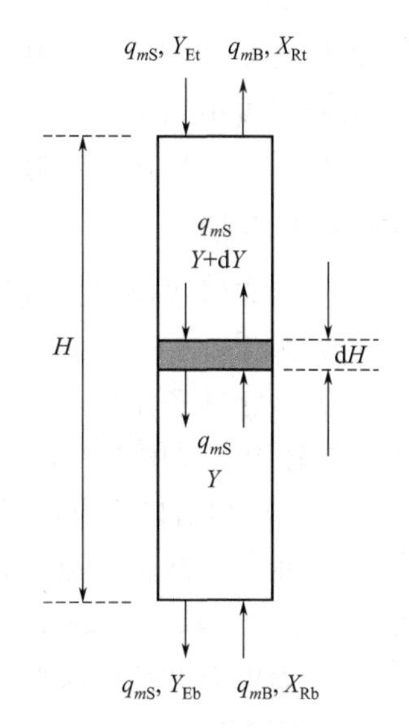

图 5.13 萃取塔中萃取相和萃余相流动示意

q_{mS}—水流量；q_{mB}—油流量；Y—水中苯甲酸质量分数；X—油中苯甲酸质量分数；下标：E—萃取相；t—塔顶；R—萃余相；b—塔底

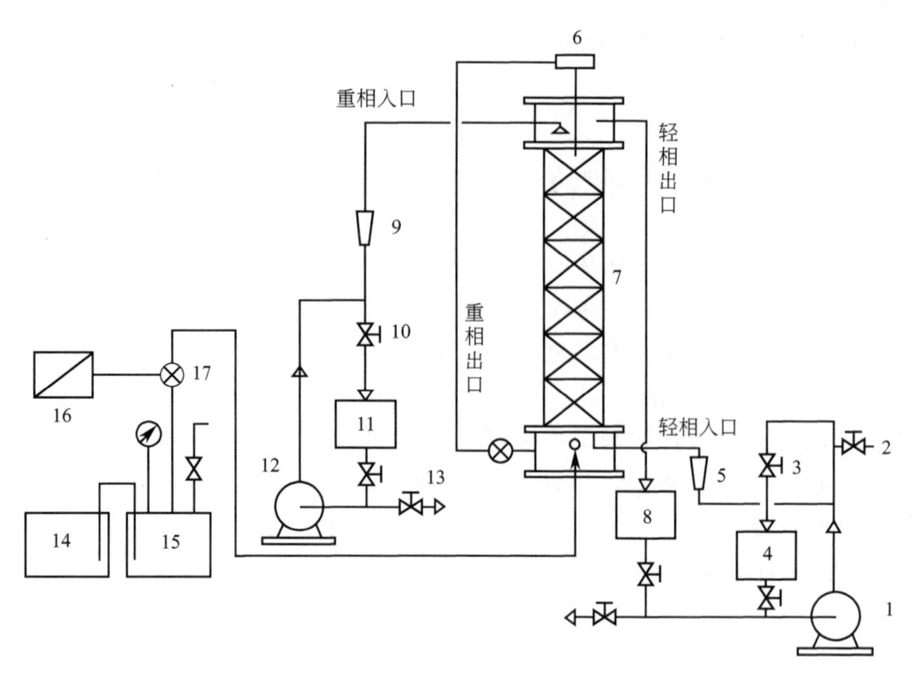

图 5.14　脉冲式填料萃取塔实验流程

1—煤油泵；2—回收阀；3—回流阀；4—轻相原料液储罐；5—轻相流量计；6—相界面控制仪；7—萃取塔；8—轻相出口液储罐；9—重相流量计；10—回流阀；11—重相入口液储罐；12—水泵；13—排放阀；14—压缩机；15—稳压罐；16—脉冲频率调节仪；17—电磁阀

4. 实验要求

① 根据实验内容的要求和流程，拟定实验步骤。

② 实验报告中列出所有原始数据，并给出一组数据的计算过程和结果分析。

③ 求出不同脉冲速度和脉冲振幅强度下的液-液萃取体积总传质系数 $K_{YE}a$。

5. 实验步骤

① 在实验装置水储槽内放满水，在煤油储槽内装满配制好的轻相入口煤油。分别启动水相和煤油相送液泵，将两相的回流阀打开，使其循环流动。

② 全开水相转子流量计调节阀，将重相（连续相）送入塔内。当塔内水面快上升到重相入口与轻相出口中点时，将水流量调至指定值，通过相界面控制仪，使塔内液位稳定在重相入口与轻相出口中点附近位置上。

③ 将轻相（分散相）流量调至指定值，并通过相界面控制仪调控，在实验过程中，始终保持塔顶分离段两相的相界面位于重相入口与轻相出口中点附近。

④ 当开始做有脉冲的实验时，要开动脉冲频率仪的开关，将脉冲频率和脉冲空气的压力调到一定数值，进行某脉冲强度下的实验。在该条件下，两相界面不明显，但要注意不要让水相混入油相储槽之中。

⑤ 在操作过程中，要绝对避免塔顶的两相界面过高或过低。若两相界面过高，到达轻相出口的高度，将会导致重相混入轻相储罐。

⑥ 操作稳定 30min 后用锥形瓶收集轻相进、出口的样品各约 40mL，重相出口样品约 50mL，备分析浓度之用。

⑦ 取样后，即可改变脉冲频率，保持油相和水相流量不变，将脉冲频率和脉冲空气的压力调到一定数值，进行另一条件下的测试。

⑧ 用容量分析法测定各样品的浓度。用移液管分别取煤油相10mL、水相25mL样品，以酚酞做指示剂，用0.01mol/L左右NaOH标准溶液滴定样品中的苯甲酸。在滴定煤油相时应在样品中加数滴非离子型表面活性剂醚磺化AES（脂肪醇聚乙烯醚硫酸酯钠盐），也可加入其他类型的非离子型表面活性剂，并激烈地摇动滴定至终点。

⑨ 实验完毕后，关闭两相流量计和脉冲频率仪开关，切断电源。滴定分析过的煤油应集中存放回收。洗净分析仪器，一切复原，清理并保持实验台面的整洁。

6. 注意事项

① 应先在塔中灌满连续相——水，然后开启分散相——煤油，待分散相在塔顶凝聚一定厚度的液层后，通过相界面控制仪，调节两相的界面于一定高度。

② 在整个实验过程中，塔顶两相界面一定要控制在轻相出口和重相入口之间适中位置并保持不变。

③ 由于分散相和连续相在塔顶、塔底滞留量很大，改变操作条件后，稳定时间一定要足够长，大约要用30min，否则误差极大。

④ 煤油的实际体积流量并不等于流量计读数。需用煤油的实际流量数值时，必须用流量修正公式对流量计的读数进行修正后方可使用。

7. 思考题

① 增大萃取剂用量对萃取的分离效果有何影响?

② 液-液萃取设备与气-液传质设备有何主要区别?

③ 重相出口为什么采用π形管，π形管的高度是怎么确定的?

④ 什么是萃取塔的液泛，在操作中如何确定液泛速度?

⑤ 脉冲频率和空气压力对萃取塔传质效率有何影响?

⑥ 影响萃取塔传质效率的主要因素是什么?

⑦ 给出强化萃取塔传质效率的设计方案?

8. 实验记录

姓名：________ 同组者：________________ 班级：________

实验日期：____________ 指导教师：________

数据记录

项目	单位	第一组	第二组	……
脉冲频率	Hz			
脉冲空气压力	kPa			
水相转子流量计读数	L/h			
煤油转子流量计读数	L/h			
校正的煤油实际流量	L/h			
塔底轻相样品体积	mL			

续表

项目	单位	第一组	第二组	……
塔底轻相 NaOH 用量	mL			
塔顶轻相样品体积	mL			
塔顶轻相 NaOH 用量	mL			
塔底重相样品体积	mL			
塔底重相 NaOH 用量	mL			

实验 8 干燥实验

1. 实验目的

① 利用干、湿球温度测定湿空气的湿度；

② 测定恒定干燥条件下，物料的干燥曲线和干燥速率曲线；

③ 测定恒定干燥条件下，恒速干燥阶段的表面传热系数 h 和传质系数 k_H。

2. 实验原理

干燥是利用热能将固体物料中的湿分（水或有机溶剂）除去的单元操作，广泛应用于工业生产过程。各种干燥方式中，对流干燥的应用最为普遍，不饱和空气作为干燥介质以对流传热将热量传至物料表面，再由表面传至物料的内部，使湿分汽化；湿物料内部的水分以液态或气态扩散传递至物料表面，然后转移到不饱和空气中被气流带走，从而实现湿分与固体物料的分离。因此，对流干燥是传热和传质同时进行的过程，传热速率和传质速率直接影响干燥速率。

（1）空气的干、湿球温度及湿度的测量

湿空气是常用的干燥介质，湿空气性质的状态参数，如湿度、温度、湿比焓、湿比热容和湿比体积等，对于干燥过程的物料衡算和热量衡算，以及干燥速率均有重要意义。由相律可知，压力一定时，湿空气的自由度是 2，即其状态可由任意两个性质参数确定。空气的干、湿球温度易于测量，是确定湿空气状态的常用参数。

湿球温度是空气与包裹温度计感温球的湿纱布之间传热、传质达到稳态时的温度。测定湿球温度时，一般空气流速需大于 5m/s。

空气向湿纱布的传热速率为

$$\Phi = hA(t - t_w) \tag{5.64}$$

式中 Φ——空气向湿纱布的传热速率，kW；

h——气流与湿纱布之间的对流传热表面传热系数，W/(m^2·℃)；

A——传热面积，m^2；

t，t_w——干、湿球温度，℃。

传质速率为

$$q_m = k_H(H_w - H)A \tag{5.65}$$

式中 q_m——传质速率，kg/s；

k_H——以湿度差为推动力的气膜传质系数，kg/(m²·s)；

H_w——湿纱布表面的湿度，即温度为 t_w 时湿空气的饱和湿度，kg/kg 干空气；

H——空气的湿度，kg/kg 干空气。

传热、传质达到稳态时，空气传给湿纱布的显热等于水的汽化潜热，则

$$\Phi = q_m r_w \tag{5.66}$$

式(5.66) 中，r_w 为温度在 t_w 时的水的汽化潜热，kJ/kg。

联立求解式(5.64)～式(5.66)，得

$$t_w = t - \frac{k_H r_w}{h}(H_w - H) \tag{5.67}$$

实验表明，一般在气速为 3.8～10.2m/s 的范围内，比值 h/k_H 近似为一常数。对于空气-水蒸气系统，$h/k_H = 0.96 \sim 1.005$。又 r_w、H_w 只取决于 t_w，当测得湿空气的 t、t_w 后，即可求得空气的湿度 H，以及其他状态参数。

（2）物料的干燥曲线和干燥速率曲线

干燥速率与干燥过程设计中干燥器的尺寸及干燥时间密切相关。由于干燥操作的复杂性，干燥速率通常需要在恒定干燥条件下测定，即大量的空气与少量的湿物料接触，此时空气的湿度、温度、速度以及与湿物料的接触状况均不变，只有湿物料的温度、湿含量、质量等参数随时间变化，便于分析物料本身的干燥特性。

在恒定干燥条件下进行的干燥实验，一般都是间歇操作。以绝干物料的质量 m_c(kg) 为计算基准，测定湿物料质量 m(kg) 随干燥时间 τ(s) 的变化，直到物料质量不再发生变化为止，此时物料的含水量为平衡含水量 X^*。

实验时，物料的瞬时干基含水量 X 为

$$X = \frac{m - m_c}{m_c} \tag{5.68}$$

以干燥时间 τ 对干基含水量 X 作图，可得干燥曲线，如图 5.15 所示。

干燥速率为单位时间、单位面积上汽化的水分量，即

$$R = \frac{dm_w}{A\,d\tau} = -\frac{m_c\,dX}{A\,d\tau} \tag{5.69}$$

式中 R——干燥速率，kg/(m² · s)；

m_c——绝干物料质量，kg；

m_w——汽化的水分质量；

A——干燥面积，m²；

$dX/d\tau$——干燥曲线的斜率；

负号“—”——X 随干燥时间 τ 的增加而减小。

$dX/d\tau$ 可取为 $\Delta X/\Delta\tau$，即不同时间间隔 $\Delta\tau$ 内的物料失水量 ΔX。以物料含水量 X 对干燥速率 R 作图，可得干燥速率曲线，如图 5.16 所示。

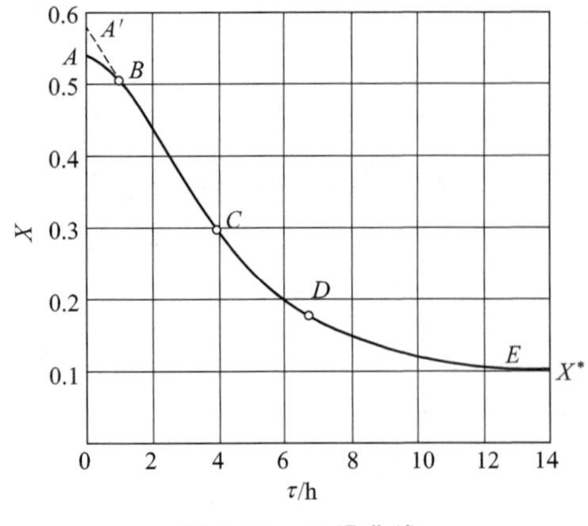

图 5.15 干燥曲线

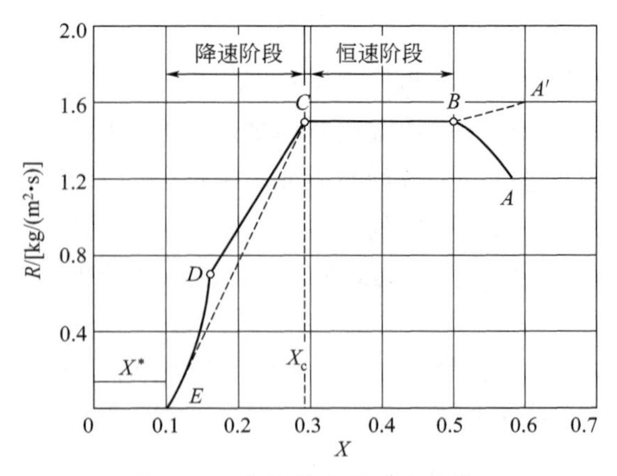

图 5.16 典型的干燥速率曲线

如图 5.15 和图 5.16 所示，恒定干燥条件下湿物料的干燥过程与传热、传质密切相关，可分为以下几个阶段。

① 湿物料的不稳定加热阶段 AB：物料由初始温度升高（或降低）至与空气的湿球温度相等，一般时间很短，实际干燥过程中常可忽略。

② 恒速干燥阶段 BC：湿物料温度稳定，表面温度为空气的湿球温度，干燥速率恒定。

③ 降速干燥阶段 CDE 段：随着物料含水量的减少，干燥速率下降，物料表面的温度逐渐升高。

在干燥曲线和干燥速率曲线中，由恒速阶段转为降速阶段时，所对应的湿物料含水量称为临界含水量 X_c，物料质量不再发生变化时的物料含水量为平衡含水量 X^*。

（3）表面传热系数 h 和传质系数 k_H 的确定

由干燥速率的定义可知，$R=q_m/A$，结合传热、传质速率方程式(5.64)、式(5.65)，可计算干燥速率。

以湿度差为推动力的干燥速率可表示为

$$R=k_H(H_w-H) \tag{5.70}$$

以温度差为推动力时，干燥速率可表示为

$$R=\frac{h}{r_w}(t-t_w) \tag{5.71}$$

物料在恒定干燥条件下进行干燥时，空气的温度、湿度、流速以及与湿物料的接触方式均不变，因此随空气条件而定的表面传热系数和传质系数也不变。在恒速干燥阶段，物料表面的温度等于空气的湿球温度 t_w，当 t_w 为定值时，物料表面湿空气的 r_w、H_w 也为定值。此时，可按式(5.70) 和式(5.71) 求出表面传热系数 h 和传质系数 k_H。

3. 实验装置

(1) 实验装置基本情况

洞道尺寸：干燥室长 0.43 m、宽 0.17 m、高 0.215m

加热功率：500～1500W

干燥温度：50～70℃

质量传感器 W1 显示仪：量程为 0～200g

干球温度计、湿球温度计显示仪：Pt100

孔板流量计处温度计显示仪：Pt100

孔板流量计压差变送器和显示仪：量程为 0～10kPa

电子秒表绝对误差：0.5s

(2) 洞道式干燥器实验装置流程示意图

干燥实验装置流程示意图见图 5.17。

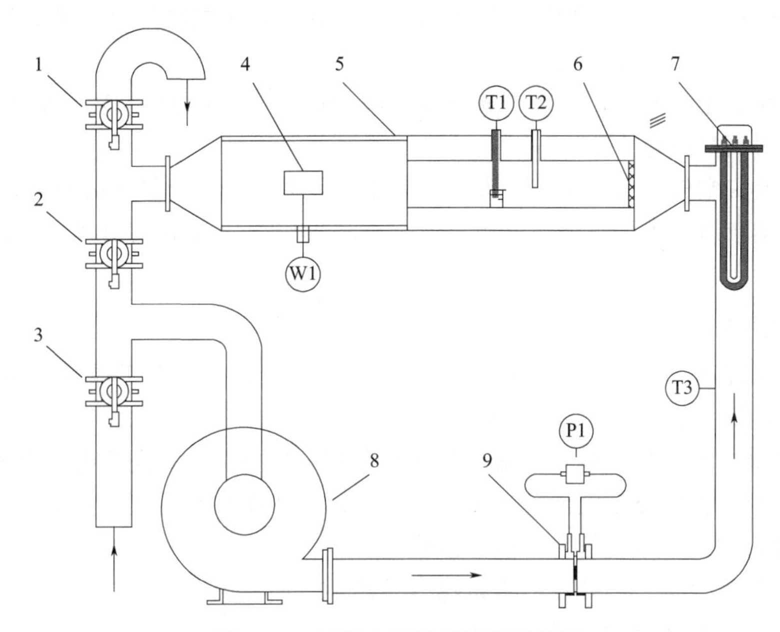

图 5.17　干燥实验装置流程示意图

1—废气排出阀；2—废气循环阀；3—空气进气阀；4—干燥物料；5—洞道干燥器；6—整流栅；7—电加热器；8—风机；9—孔板流量计；W1—质量传感器；T1—湿球温度计；T2—干球温度计；T3—空气进口温度计；P1—流量压差计

(3) 洞道式干燥器实验装置仪表面板图（图 5.18）

4. 实验要求

① 熟悉实验原理、实验装置及仪器使用方法；

② 拟定实验内容、步骤和操作方法，指导教师同意后开始实验；

③ 按照实验操作规程进行实验，获取必要的实验数据，要求保证实验数据的准确性和可靠性，指导教师同意后停止实验操作；

④ 整理、分析实验数据，撰写实验报告。

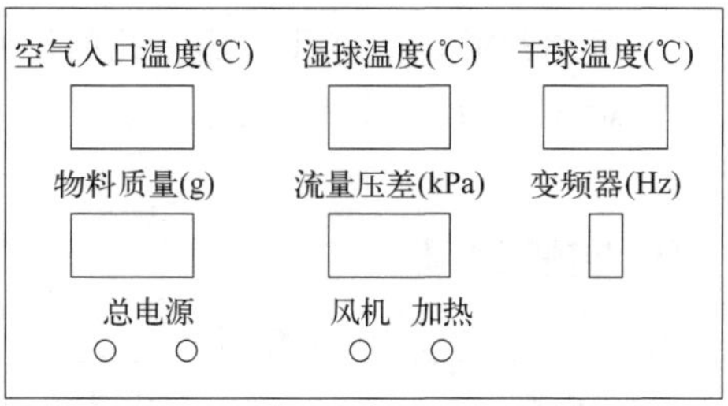

5. 实验步骤和操作方法

(1) 实验前准备工作

① 将干燥物料（帆布或砖块）干燥后称取

空气入口温度(℃)　湿球温度(℃)　干球温度(℃)

物料质量(g)　流量压差(kPa)　变频器(Hz)

总电源　风机　加热

图 5.18　干燥实验装置面板图

绝干物料质量，并放入水中浸湿，加水约 30g。

② 将放湿球温度计纱布的烧杯装满水放入干燥室内。

③ 打开实验装置的总电源，仪表上电。检查仪表是否正常。

④ 在智能仪表中设定干球温度（50～70℃）。

（2）调节风机吸入口的空气进气阀到全开的位置后启动风机。

（3）通过废气排出阀和废气循环阀调节空气到指定流量后，开启加热电源，干球温度测量仪表自动调节到指定的温度。

（4）在空气温度、流量稳定条件下，读取重量传感器测定支架的质量并记录下来。

（5）把充分浸湿后的干燥物料轻轻放到支架上并固定在质量传感器 W1 上，并与气流平行放置。

（6）在系统稳定状况下，记录干燥时间每隔 3min 时干燥物料减轻的质量，直至干燥物料的质量不再明显减轻为止。

（7）可以改变空气流量和空气温度，重复上述实验步骤并记录相关数据。

（8）实验结束时，先关闭加热电源，待干球温度降至常温后关闭风机电源和总电源。一切复原。

6. 注意事项

① 质量传感器的量程为 0～200g，精度比较高，所以在放置干燥物料时务必轻拿轻放，以免损坏或降低质量传感器的灵敏度。

② 当干燥器内有空气流过时才能开启加热装置，以避免干烧损坏电加热器。

③ 干燥物料要保证充分浸湿但不能有水滴滴下，否则将影响实验数据的准确性。

④ 实验进行中不要改变智能仪表的设置。

⑤ 为了保护计算机，不要在计算机没有关闭前关闭总电源。

7. 实验装置的多功能设计

本实验的基本任务是在恒定干燥条件下，测定物料的干燥曲线和干燥速率曲线，计算干燥速率，以及恒速干燥阶段的表面传热系数 h 和传质系数 k_H。此外，还可利用本实验装置，设计其他实验方案。例如，测定空气流速、空气温度对干燥过程的影响。还可换用不同性质的湿物料，如非多孔性黏土板、陶瓷片等，测定并比较其干燥曲线。

8. 思考题

① 利用干、湿球温度计测定空气的湿度时，为什么要求空气必须有一定流速？多少为宜？

② 空气的温度、湿度和流速对干燥速率及平衡含水量有何影响？

③ 不同种类，如多孔、非多孔的湿物料，干燥速率有何差异？

④ 对于空气-水蒸气系统，为什么可以认为湿球温度 t_w 与空气的绝热饱和温度 t_{as} 相等？

9. 实验记录

姓名：________ 同组者：________________ 班级：________

实验日期：____________ 指导教师：________

数据记录

序号	干燥时间 τ		$\Delta\tau$/s	空气温度/℃		空气湿度 H/(kg 水/kg 干空气)	饱和湿度 H_w/(kg 水/kg 干空气)	相对湿度 ϕ	天平读数/g	湿物料质量 m_c/g	物料湿含量/(kg 水/kg 绝干物料)	失去水分 ΔW/kg	干燥速率 R/[kg/(m^2·s)]	r_w/(kJ/kg)	传热系数 h/[kW/(m^2·℃)]	传质系数 k_H/[kg/(m^2·s)]
	/min	/s		干球 t	湿球 t_w											
1																
2																
3																
4																
5																
6																
7																
8																
9																
10																

第6章

创新型实验

实验9　微通道反应过程强化实验

微通道反应器具有传递性能好、混合时间短、可实现流体间的快速均匀混合等特点，为采用液相化学法制备纳米颗粒创造了理想的条件。近几年来，微通道反应器的发展进入到新的领域——纳米颗粒的合成。它已成功地用于合成半导体纳米粒子、纳米金属粒子和纳米聚合物等。研究表明，与常规合成方法相比，采用微反应器制备纳米颗粒操作简单，易于控制和放大，制得的纳米颗粒粒径小，粒径分布窄，纯度高，并可通过调节反应参数制备不同形状的纳米粒子。本节以微通道反应器合成纳米氧化锌实验为例，说明微通道反应器制备纳米粒子的方法。

1. 实验目的

① 了解微通道反应器的结构；

② 掌握采用微通道反应器连续制备纳米氧化锌的方法；

③ 考察反应条件对纳米氧化锌粒径大小的影响；

④ 掌握微乳液的制备方法。

2. 实验原理

（1）微通道反应器

微通道反应器是指通过微加工和精密加工技术制造的具有微纳米级通道的小型反应系统，其具有较大的比表面积，能够实现对传热、传质过程的精确控制。这些优点往往被用来合成粒径较小、粒径分布窄的纳米材料。与搅拌釜式反应器相比，微通道反应器具有以下优点：

① 强化反应过程　微通道反应器由于尺寸减小，缩短了分子扩散路程，强化了质量和热量传递过程，同时温度控制也更为迅速准确。

② 以连续过程代替间歇过程　目前，一些生产过程还是以间歇方式进行，如搅拌式间歇反应过程。在这些间歇过程中，由于反应器的混合和传递能力有限，热量和质量传递速率慢，且比表面积小，使得反应时间比动力学要求的时间长，而且不同批量生产的产品也会有差异。若用连续式微反应器代替间歇过程，可以使单位时间和单位体积的反应器生产能力大大提高。

③ 安全性提高　在微通道内进行合成反应时，由于反应物总量少，传热快，因此，微通道反应器适用于强放热反应。

④ 提高产品性质　微通道反应器内，传递过程的强化可以有效地提高产品的转化率、选择性等，如在高分子聚合反应中可以实现高聚物分子量均一。

（2）微乳液

微乳液（microemulsion）通常是由表面活性剂、助表面活性剂、油相和水在适当的比例下自发形成的透明或半透明、低黏度且各向同性的热力学稳定体系。近年来，微乳液技术和微乳液理论的研究获得了迅速的发展，利用微乳液体系作为纳米反应介质的研究已被应用于各类反应，如单分散纳米颗粒的合成、有机/无机纳米复合材料的制备。

以 $A+B \longrightarrow C\downarrow +D$ 为模型反应，A、B 为溶于水的反应物质，C 为不溶于水的产物沉淀，D 为副产物。本实验的反应方程式为：

$$ZnSO_4 + 2NaOH \longrightarrow Zn(OH)_2\downarrow + Na_2SO_4$$

共混法-融合反应机理：混合含有相同水油比的两种反相微乳液 E(A) 和 E(B)，两种胶束通过碰撞、融和、分离、重组等过程，使反应物 A、B 在胶束中互相交换、传递及混合。反应在胶束中进行，并成核、长大，最后得到纳米微粒。

（3）纳米氧化锌

纳米氧化锌（ZnO）是一种重要的多功能无机材料，粒径介于 1～100nm 之间，在化学、材料、光电、催化、美容制品等领域具有广阔的开发和应用前景。纳米氧化锌材料良好功能体现的前提是粒径小，颗粒分布均匀，分散性好。目前报道的合成纳米氧化锌的方法有很多，但都存在粒径过大、粒径分布不均匀、容易团聚等问题，因此寻找一种能够精确控制颗粒成核过程，从而合成出粒径小、分布窄的纳米氧化锌是当今研究的热点。

本实验将微乳液与微通道反应器结合，通过微通道的强化传递优势，使得微乳液法制备纳米材料的反应时间缩短，产物粒径更小，粒径分布更窄，并且实现连续化生产。

3. 实验药品与实验装置

（1）药品

合成纳米氧化锌用的化学药品有十六烷基三甲基溴化铵（CTAB）、正丁醇、正辛烷、乙醇、丙酮、氯化锌、硫酸锌、硝酸锌、醋酸锌、氢氧化钠、氨水。

（2）实验装置

微通道反应过程强化装置流程如图 6.1 所示。与微反应器配套的设备包括微量进料泵、恒温水浴及压力和温度测量、控制装置。

待混合的两股物流经微量进料泵输送至微混合器内，在微混合器内混合后进入延时管，微反应器和延时管均置于恒温水浴中，离开延时管的混合物（或反应产品）经背压阀流出得到混合产物。该装置可在常压下操作，也可加压操作，混合或反应温度可用恒温水浴控制。装置的核心部件是 CPMM-R300 微反应器，其外观和混合芯片如图 6.2 所示。

该装置也可用于其他混合控制的过程，通过微通道强化过程的传质和传热，如纳米氧化亚铜的合成、离子液体的合成等。

4. 实验要求

① 根据实验任务拟定实验流程；

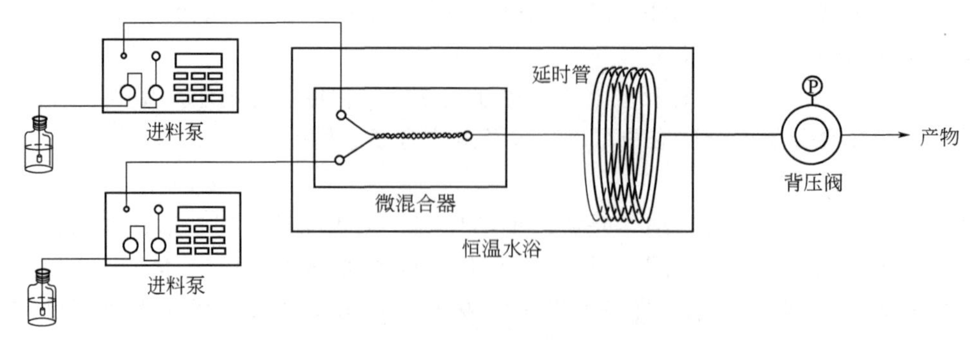

图 6.1　微通道反应器实验流程

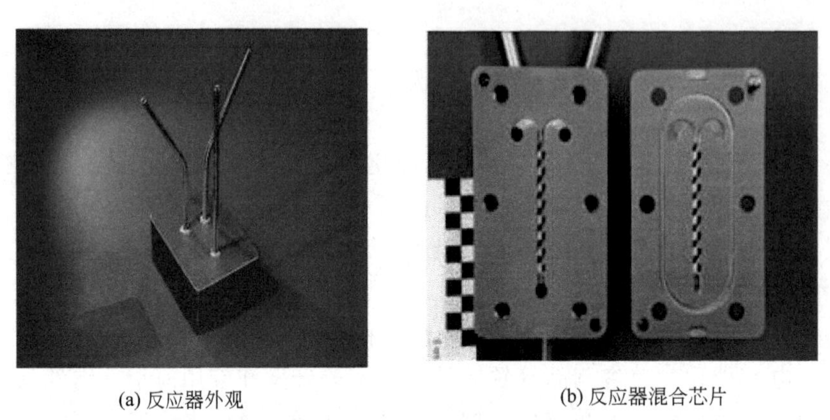

(a) 反应器外观　　(b) 反应器混合芯片

图 6.2　CPMM-R300 微反应器的外观和混合芯片

② 确定合成条件，包括微乳液的制备条件、微反应器操作条件；

③ 拟定实验步骤及实验方法，经指导教师同意后开始实验；

④ 按拟定的实验步骤进行实验，在获取必要的数据和反应产物后，经指导教师同意，停止实验；

⑤ 对实验产物进行必要的表征；

⑥ 整理实验数据，撰写实验报告。

5. 实验步骤

（1） CTAB-正丁醇-正辛烷-Zn^{2+} 和 CTAB-正丁醇-正辛烷-OH^- 反相微乳液制备

制备两份质量比相同的正丁醇/十六烷基三甲基溴化铵/正辛烷混合物，其中 m(正丁醇)：m(十六烷基三甲基溴化铵)：m(正辛烷)＝1：1.2：4.4，分别加入相同质量的 Zn^{2+} 溶液和 NaOH 溶液使其质量分数均为 15%，超声振荡，得到水相为锌盐溶液的微乳液 $M_1(Zn^{2+})$ 和水相为 NaOH 溶液的微乳液 M_2(NaOH)。

（2）纳米氧化锌的合成条件考察

① 实验前用无水乙醇润洗全系统。

② 设定反应器温控系统至所需温度，用两台计量泵分别通入水相为 $Zn(NO_3)_2$ 的 W/O 型微乳液 M_1 和水相为 NaOH 的 W/O 型微乳液 M_2，待系统稳定后，取产物用于分析测定。

③ 在反应物流量一定的条件下改变反应温度，重复以上操作。

④ 在反应温度一定的条件下改变反应物流量，重复以上操作。

⑤ 在反应温度和反应物流量一定的条件下改变系统压力，重复以上操作。

⑥ 在温度和流量一定的条件下改变微乳液水相的质量分数（保证在微乳区域），重复以上操作。

⑦ 实验结束后，先用稀硝酸清洗系统，再用无水乙醇润洗整个系统。

⑧ 将所得产物离心分离 10min，离心机转速 4000r/min。

⑨ 将所得白色 $Zn(OH)_2$ 分别用无水乙醇、丙酮洗 5 遍破乳，用去离子水洗 5 遍。

⑩ 将洗好的产物置于 130℃烘箱，烘 3h，烘干后置于马弗炉焙烧，于 550℃焙烧 3h。

（3）纳米氧化锌的表征

分别用 XRD、SEM、TEM、激光粒度仪表征产物的形貌及粒径分布。

6. 注意事项

① 微乳液制备过程中，水相的滴加速率一定要慢。

② 实验前，标定进料泵的流量。

③ 改变实验条件后，要待实验稳定后再取样品。

④ 后处理时，尽量保证每次操作条件一样，以减小操作误差。

7. 思考题

① 微通道反应器用于固体纳米颗粒制备时存在哪些问题？可采用哪些措施避免？

② 与常规反应釜相比，为什么微通道反应器合成的纳米颗粒粒径较小且粒径分布窄？

实验 10 反应精馏实验

反应精馏是一项具有许多独特优点的高效耦合操作技术，是在特定的条件下，将化学反应和精馏分离两种操作结合起来，在一个设备中同时进行的耦合过程。在反应精馏过程中，当精馏将反应生成的产物或中间产物及时分离，则可以提高产品的收率，同时又可利用反应热供产品分离，达到节能的目的。

该耦合过程必须同时满足两种单元操作的条件：

① 对于反应，必须提供适宜的温度、压力、反应物的浓度分布及催化剂等；

② 对于精馏，要求生成物与反应物挥发能力存在足够大的差异。

目前，在酯化、醚化、酯交换、水解、烷基化、异构化等化工生产过程中，反应精馏已得到了广泛的应用。

1. 实验目的

① 了解反应精馏过程的基本原理和反应与精馏过程之间的协同促进机制；

② 熟悉反应精馏的工艺流程，了解反应精馏塔的结构；

③ 了解反应精馏塔的 LabVIEW 测控系统，掌握通过测控系统进行数据采集、过程操作和调控；

④ 掌握反应精馏过程的操作及调节方法；

⑤ 能进行全塔物料衡算和反应精馏操作的过程分析；

⑥ 了解催化反应过程和反应转化率的计算方法；

⑦ 了解和体会反应精馏装置设备特点和反应精馏技术优势；

⑧ 了解和掌握气相色谱的基本原理和使用。

2. 实验原理

反应精馏是反应与精馏的耦合，二者通过集成的方式彼此改善，但过程较复杂。一方面，通过精馏的方法将反应物与产物分离开来，以破坏可逆反应的平衡关系，使反应继续向生成产物的方向进行，从而可提高可逆反应的转化率、选择性和生产能力。另一方面，通过化学反应破坏汽液平衡关系，从而可加快传质速率，提高精馏塔的分离能力；对于放热反应，反应所释放出的热量可作为精馏所需的汽化热，从而可降低能耗和操作费用。

通常，反应精馏在如下情况比较适用：

① 可逆平衡反应。一般情况下，反应受平衡影响，转化率只能维持在平衡转化的水平。但是，如果生成物是低沸点或高沸点物质，则精馏过程可使其连续地从系统中塔顶或塔底排出，从而最终转化率可超过平衡转化率，提高反应产率。

② 异构体混合物分离。异构体组分的沸点接近，靠精馏方法难以分离提纯，若异构体中某组分能发生化学反应并能生成沸点差异较大的物质，就很容易通过精馏方法实现分离。

反应精馏是反应与精馏的耦合，催化剂作为反应精馏的核心，按催化剂是否为固态，反应精馏可分为均相反应精馏和催化精馏。普通催化精馏的催化剂需为固体颗粒，便于制成具有几何形状的填料，但这限制了催化剂种类。很多催化活性优异的固体催化剂由于粒度较小，不易加工制成填料而不能应用。为了更好地发挥催化剂作用和避免因催化剂构件传质问题带来的弊端，部分学者采取固液混合的进料方式进行酯化生产，即将细粉状的催化剂与反应物混合均匀一起送入塔内，随着液体在塔内一起往下流动，最终催化剂随釜液进入分离器，分离出的固体催化剂可再加入料液中。该操作比较适合釜液需要循环的反应精馏。固液混合进料的特点是：

催化精馏优缺点

① 采用普通填料塔或板式塔，不需制作催化剂构件。

② 细粉状催化剂引起的传质、传热阻力较小，对精馏影响小，同时较大比表面积有利于其催化效率的发挥。

③ 不需催化剂安装与卸载。催化精馏塔正常运行情况下，催化剂会随液体进入和离开催化精馏塔。

采用固液混合进料方式的催化精馏相对于普通催化精馏，具有无须专门制作催化剂构件、无须装卸催化剂，以及对精馏传热传质影响小等优点。

对醇酸酯化反应来说，适于第一种情况（可逆平衡反应）。但该反应若无催化剂存在，单独采用反应精馏操作也达不到高效分离的目的，这是因为反应速率非常缓慢，故一般都用催化反应方式。目前我国乙酸乙酯主要采用以浓硫酸为催化剂的连续酯化生产工艺路线，然而浓硫酸易导致反应体系管路腐蚀、副产物多等问题，近年来，有被经济、高效的固态酯化催化剂取代的趋势。一水硫酸氢钠具有腐蚀性小、催化效率高、副反应少等优点，在酯类合成领域得到广泛关注。

本实验以乙酸和乙醇为原料，在一水硫酸氢钠催化剂作用下生成乙酸乙酯的可逆反应

为例，说明反应精馏实验原理。反应的化学方程式为

$$C_2H_5OH + CH_3COOH \xrightleftharpoons{NaHSO_4 \cdot H_2O} CH_3COOC_2H_5 + H_2O$$

该反应为可逆反应，在进料摩尔比为1、不分离产物的情况下，平衡转化率为66%。反应体系中存在乙醇、乙酸、水、乙酸乙酯四种组分，反应物和产物之间形成二元或三元恒沸物，见附件4。

该反应体系的特点表现为同时存在多种沸点相近的共沸物。催化精馏过程中，塔顶产品为乙酸乙酯-乙醇-水三元混合物，乙酸乙酯和水可自动分相，但乙醇能与乙酸乙酯和水形成互溶物，乙醇与乙酸乙酯存在共沸，因此乙醇的存在会加大塔顶产品提纯难度且造成原料浪费。因此从工艺角度考虑，为方便进行塔顶产品后续提纯操作，乙醇需尽量反应完全，反应过程中采用乙酸过量的方式，同时避免塔顶出现乙酸，乙酸进料位置不能过高。塔釜出料的乙酸可通过简单处理进行循环使用，由于催化剂一水硫酸氢钠会部分溶于水且用量少，可不进行固液分离，直接循环利用。因此，从工艺分离角度考虑，本实验采用较高的酸醇比进料，且以乙醇转化率为考察目标，计算公式如下

$$乙醇转化率=\frac{n_{塔顶乙酸乙酯}+n_{塔底乙酸乙酯}}{n_{塔顶乙酸乙酯}+n_{塔底乙酸乙酯}+n_{塔顶乙醇}+n_{塔底乙醇}}\times 100\%$$

实验的进料有两种方式：一种是在塔的中间位置进料；另一种直接从塔釜进料，可以分别进行连续和间歇式操作。第一种以新型的一水硫酸氢钠为催化剂，采用将粉末状催化剂混合乙酸后在塔中间某处泵入，塔下部某处泵入乙醇，即连续流化催化精馏工艺。在沸腾状态下塔内轻组分逐渐向上移动，重组分向下移动。具体地说，乙酸混合粉末状催化剂从上段向下段移动，与从下段向塔上段移动的乙醇接触，在两个进料位置塔段之间的填料上发生反应，生成乙酸乙酯和水，塔内此时有四组分。由于乙酸在气相中有缔合作用，除乙酸外，其他三个组分形成三元或二元共沸物。水-乙酸乙酯、水-乙醇共沸物沸点较低，乙醇和乙酸乙酯能不断地从塔顶排出，即反应精馏塔的塔段也是反应器，节省了反应器设备。第二种是在塔釜加入含一水硫酸氢钠催化剂的乙酸与乙醇混合溶液，使反应首先在塔底进行，然后在精馏塔中进行精馏分离。本实验可根据具体情况，进行间歇或连续乙酸乙酯反应精馏实验。

3. 实验装置及试剂

连续反应精馏流程如图6.3所示。反应精馏塔由双层玻璃制成，夹层抽真空且镀银。考虑到乙酸与乙酸乙酯、各共沸物的沸点相差较大，并且塔高受塔固定装备的限制，催化精馏塔不设提馏段。塔体分为两段，即精馏段与反应段，每段有效长度为500mm，塔内径为30mm，主体设备高约2000mm，塔内填装规格为10mm×4mm×2mm的拉西环填料。两段塔体通过玻璃变径连接，所有玻璃接口采用磨口处理，且涂抹真空硅脂确保塔的气密性，塔体外部采用聚氨酯材料进行保温。塔釜为三口烧瓶（500～2000mL），置于电加热套中，塔釜加热采取功率控制方式。乙酸与乙醇分别从塔中部和下部进料，中间为反应段，塔顶每隔一段时间进行采样分析，由于实验精馏塔生产能力小，因此采用小流量的蠕动泵控制进出料流量，乙酸进料与塔釜出料采用蠕动泵BT100-2J，流量范围0～25mL/min；乙醇进料采用蠕动泵，型号为BQ50-1J，可用流量范围0～6mL/min，均采用计算机测控

系统进行串口控制。塔顶冷凝头采用循环水冷却塔顶产品，塔顶冷凝液呈液滴状，因此采用配有自制电磁铁回流比控制器，通过摆动式方法控制回流比。

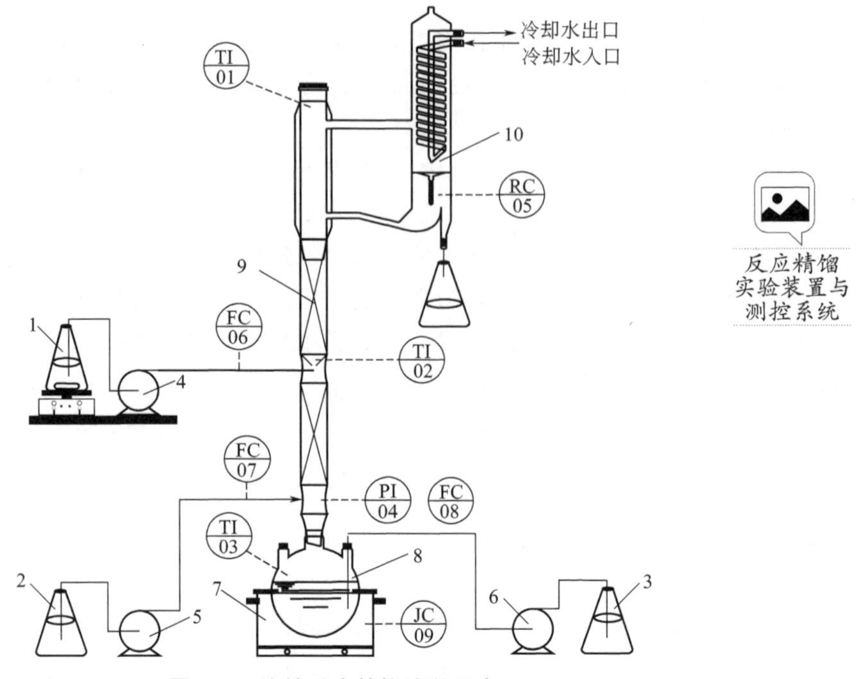

图 6.3 连续反应精馏流程示意

1—乙酸进料罐；2—乙醇进料罐；3—釜液收集罐；4,5—进料泵；6—出料泵；7—电加热套；8—塔釜；9—塔身；10—塔顶冷凝器

反应精馏实验装置与测控系统

精馏塔测控系统共 3 个温度测点，即塔釜釜液、塔顶蒸汽、塔中蒸汽，1 个塔釜压力测点，另有塔釜电加热套功率、3 台蠕动泵启停、塔顶回流比共计 5 个仪器控制点，均通过一定外部硬件，由 LabVIEW 开发的测控系统控制其运行状态。具体测控点见图 6.4。

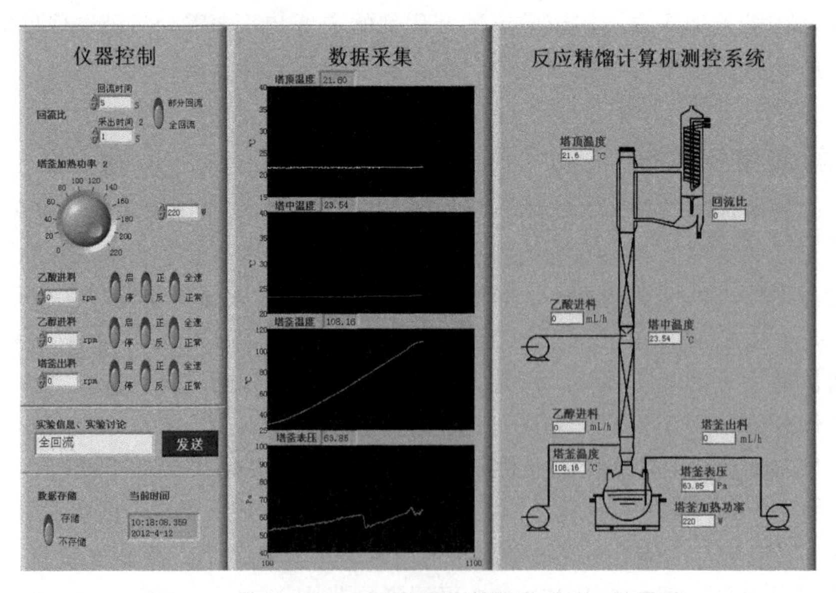

图 6.4 基于 LabVIEW 的反应精馏塔测控系统界面

4. 实验步骤

（1）连续操作

① 启动氢气发生器，确定氢气发生器与色谱各参数正常后，通氢气20min，开启气相色谱，设置柱箱、检测器、进样器温度，升温完毕后开启色谱工作站，设置热导电流，待工作站基线稳定后才可使用（具体步骤见附件5色谱操作规程）。

② 按酸醇摩尔进料比3配制混合液加入塔釜烧瓶中，保持合适的液面，约位于烧瓶高度的2/3处，加入适量催化剂（乙酸质量的2%）和适量沸石，打开图6.4所示的计算机测控系统，设置合适功率加热釜液至沸腾温度，此后根据蒸汽量调整至适当功率，注意避免升温过快造成玻璃塔炸裂或液泛。

③ 待测控系统人机界面显示塔中温度上升，同时观测到塔内上升蒸汽达到精馏塔中部时，缓缓打开循环冷却水，塔釜釜液加热功率调至实验要求值。

④ 塔顶冷凝头出现液滴后，维持全回流至全塔温度平稳，按实验要求改变回流比。

⑤ 部分回流10min后，蠕动泵以低转速进料，5min加一转直至达到实验要求转速值，保持塔顶温度不出现较大波动。同时，塔釜10min出料一次，维持塔底液位至2/3处。

⑥ 气相色谱测量塔顶与塔底采出物组成。釜液放入冰水混合物中冷却、真空抽滤脱除催化剂，才可测其组成。塔顶产品若分层，需加入一定质量乙醇消除分层，测量组成后需进行换算得到原组成数据。

⑦ 塔顶、塔底温度稳定后，30min采样测量一次，测量塔顶采出液、釜液组成与质量，计算乙醇转化率，重复2～3次，求取平均值。

⑧ 数据采集结束后，停止进料，停止加热，保持全回流，当塔顶温度降到接近室温，关闭回流控制器和循环冷却水。

⑨ 设置柱箱、检测器、进样器温度为0℃，待检测器温度降至100℃以下，依次关闭气相色谱和氢气发生器。

（2）间歇操作

① 启动氢气发生器，确定氢气发生器与色谱各参数正常后，通氢气20min，开启气相色谱，设置柱箱、检测器、进样器温度，升温完毕后开启色谱工作站，设置热导电流，待工作站基线稳定后才可使用。(具体步骤见附件5操作规程)

② 按酸醇摩尔进料比3配制混合液加入塔釜烧瓶中，保持合适的液面（高于烧瓶高度的2/3处)，加入适量催化剂（乙酸质量的2%）和适量沸石，打开图6.4所示的计算机测控系统，设置合适功率加热釜液至沸腾温度，此后根据蒸汽量调整至适当功率，注意避免升温过快造成玻璃塔炸裂或液泛。

③ 待测控系统人机界面显示塔中温度上升，同时观测到塔内上升蒸汽到达精馏塔中部时，缓缓打开循环冷却水，塔釜釜液加热功率调至合适值。

④ 塔顶冷凝头出现液滴后，维持全回流至全塔温度平稳。

⑤ 全回流稳定一定时间后，按实验计划调整为部分回流操作，注意观察塔顶温度变化情况，每隔一段时间对塔顶采出液的组成进行分析，塔釜不采出。

⑥ 气相色谱测量塔顶与塔底组成。釜液需冰水混合物冷却、真空抽滤脱除催化剂，才可测其组成。塔顶产品若分层，需加入一定质量乙醇消除分层，测量组成后需进行换算

得到原溶液组成数据。

⑦ 塔顶、塔底温度稳定后，30min 采样测量一次，测量塔顶采出液、釜液组成与质量，计算乙醇转化率，重复 2～3 次，求取平均值。

⑧ 数据采集结束后，停止进料，停止加热，保持全回流，当塔顶温度降到室温，关闭回流控制器和循环冷却水。

⑨ 设置柱箱、检测器、进样器温度为 0℃，待检测器温度降至 100℃以下，依次关闭气相色谱和氢气发生器。

⑩ 清洗各种玻璃仪器，结束全部实验。

5. 实验数据处理

记录实验数据。基于实验测得数据，按下列要求写出实验报告：①实验目的与实验流程步骤；②实验数据与数据处理；③实验结果与讨论及改进实验的建议。

浓度计算：

已知乙酸的相对矫正因子 f_{HAc} 为 1.30，水的相对校正因子 $f_{\mathrm{H_2O}}$ 为 0.69，乙酸乙酯的相对校正因子 f_{EA} 为 1.25，乙醇的相对校正因子 f_{EtOH} 为 1，则色谱分析采用面积归一法，各物质质量分数可通过下列公式进行计算

$$x_{\mathrm{HAc}}=\frac{f_{\mathrm{HAc}}A_{\mathrm{HAc}}}{f_{\mathrm{HAc}}A_{\mathrm{HAc}}+f_{\mathrm{H_2O}}A_{\mathrm{H_2O}}+f_{\mathrm{EA}}A_{\mathrm{EA}}+f_{\mathrm{EtOH}}A_{\mathrm{EtOH}}}\times100\%$$

$$x_{\mathrm{EtOH}}=\frac{f_{\mathrm{EtOH}}A_{\mathrm{EtOH}}}{f_{\mathrm{HAc}}A_{\mathrm{HAc}}+f_{\mathrm{H_2O}}A_{\mathrm{H_2O}}+f_{\mathrm{EA}}A_{\mathrm{EA}}+f_{\mathrm{EtOH}}A_{\mathrm{EtOH}}}\times100\%$$

$$x_{\mathrm{EA}}=\frac{f_{\mathrm{EA}}A_{\mathrm{EA}}}{f_{\mathrm{HAc}}A_{\mathrm{HAc}}+f_{\mathrm{H_2O}}A_{\mathrm{H_2O}}+f_{\mathrm{EA}}A_{\mathrm{EA}}+f_{\mathrm{EtOH}}A_{\mathrm{EtOH}}}\times100\%$$

$$x_{\mathrm{H_2O}}=1-x_{\mathrm{HAc}}-x_{\mathrm{EtOH}}-x_{\mathrm{EA}}$$

式中，A_{HAc}、$A_{\mathrm{H_2O}}$、A_{EA} 和 A_{EtOH} 分别为乙酸、水、乙酸乙酯和乙醇的峰面积。

通过色谱分析和计算可以得到各组分的质量分数，称量塔釜和塔底采出量，从而可以计算得到各组分的质量。然后利用质量除以各组分的摩尔质量，可以得到各组分的物质的量，然后可根据下式计算乙醇的反应转化率。

$$\text{乙醇转化率}=\frac{n_{\text{塔顶乙酸乙酯}}+n_{\text{塔底乙酸乙酯}}}{n_{\text{塔顶乙酸乙酯}}+n_{\text{塔底乙酸乙酯}}+n_{\text{塔顶乙醇}}+n_{\text{塔底乙醇}}}\times100\%$$

6. 注意事项

① 蒸馏釜中液面保持在烧瓶高度的 1/2 以上。

② 用调节固态调压器调加热功率时应缓慢增大或减小，防止设备损坏。

③ 注意观察塔顶、塔釜及各板温度变化。及时开启循环冷却水阀门，防止塔顶蒸汽从冷凝器排出管喷出。

④ 取样前应对取样器和容器进行清洗。

⑤ 每个样品最好测三次然后取其平均值，测样最好一直由一个人进样，保证测样数据的准确稳定。

⑥ 保持室内环境的稳定，关闭门和窗，避免环境引起测样数据有较大的波动。

7. 思考题

① 如何通过在操作和设备两方面提高乙醇的转化率？

② 不同回流比对产物分布影响如何？

③ 进料摩尔比应保持多少为最佳？

④ 基于实验测量数据能否利用化工模拟软件进行过程校核计算？如果数据不充分，还要测定哪些数据？如果数据充分，请在化工模拟软件中建立该反应精馏过程模拟模型，并对回流比、进料酸醇摩尔比、塔釜加热功率等进行灵敏度分析。

⑤ 反应精馏过程操作的控制点有哪些？如何实现自动控制？

⑥ 气相色谱的原理以及组分出峰顺序的影响因素？

8. 实验记录

（1）反应精馏实验记录

时间	位置	加热功率/W	温度/℃	馏出液质量/g

（2）反应精馏实验组成色谱分析结果

时间	位置	次数	乙酸（摩尔分数）/%	乙醇（摩尔分数）/%	乙酸乙酯（摩尔分数）/%	水（摩尔分数）/%
		1				
		2				
		平均值				
		1				
		2				
		平均值				
		1				
		2				
		平均值				
		1				
		2				
		平均值				

附件 4 乙酸乙酯反应体系组成及共沸物沸点（常压）

纯组分及混合物	乙酸	乙醇	水	乙酸乙酯	乙醇-水	乙酸乙酯-乙醇	乙酸乙酯-水	乙酸乙酯-乙醇-水
沸点/℃	118.10	78.30	100	77.10	78.10	71.80	70.40	70.23
质量分数/%	100	100	100	100	96.0 4.0	69.0 31.0	91.5 8.5	82.6 8.4 9.0

附件 5 FULI9750T 型气相色谱仪简明操作规程

1. 气相色谱仪的开启

（1）在使用色谱仪前，首先应该保证仪器处于完好的状态，电路接装可靠，气路不堵不漏。

（2）在上述条件保证的情况下，先检查氢气发生器电解液是否在允许高度内（前面板有观察窗口），如果缺少电解液，可适当添加去离子水。

① 氢气发生器启动后，即时流量显示值在“300”上，压力指示表指针缓慢偏转。随着时间的推移，压力指示表指针大约在 0.3MPa 处恒定，流量显示基本在“60”上，表明氢气发生器工作正常。

② 观察气相色谱右侧总压表，其指针显示在 0.2MPa 处。

③ 观察气相色谱前面板两块柱前压表，表Ⅰ、表Ⅱ的指针分别有压力指示，其数值已预先设定完毕。

④ 观察气相色谱后侧转子流量计的工作情况，红色的转子应该悬浮在玻璃管柱中大约 50 刻度处。

⑤ 若以上各部显示均正常的话，进入下一步工作。

（3）载气（氢气）正常通入至少 20min，将气路中的其他气体充分置换。

（4）在上述条件保证的情况下，开启气相色谱仪左侧的电源开关，液晶显示屏点亮，仪器开始自检，数秒钟后进入工作状态，可以进行下一步工作。

（5）设定温度

① 设定柱箱的温度：按控制面板上的“柱箱”键，面板显示“Setup COL”，按“1”键、“8”键、“0”键、“确认”键后，光标自动下移至保护温度状态，按“2”键、“0”键、“0”键、“确认”键，柱箱温度设定完毕。

② 设定热导池的温度：按控制面板上的“检测器”键，面板显示“Setup DET”，按“2”键、“0”键、“0”键、“确认”键后，光标自动下移至保护温度状态，按“2”键、“2”键、“0”键、“确认”键，热导检测器温度设定完毕。

③ 设定进样器的温度：按控制面板上的“进样器”键，面板显示“Setup INJ”，按“2”键、“0”键、“0”键、“确认”键后，光标自动下移至保护温度状态，按“2”键、“2”键、“0”键、“确认”键，进样器温度设定完毕。

④ 观察温度的上升情况。

（6）适时开启色谱工作站

① 点击桌面上的“色谱工作站”图标，进入 N2010 色谱工作站。

② 打开通道 1，进入主工作界面。

③ 点击“察看基线”按钮，观察基线运行状况，准备下一步工作。

(7) 热导电流的设定

① 温度升至预定值后，按“参数”键，液晶屏幕显示“Detector TCD”，极性【polarity=1(+)】，按“确认”键后，光标自动下移至桥流设定，按“1”键、“0”键、“0”键、“确认”键，桥流设定完毕。

② 按下色谱仪面板上的桥流启动开关（红色键）、按“复位”键，开启桥流。

(8) 观察色谱工作站基线陡升，表明桥流已然加上，慢慢调整色谱仪前面板上的旋钮，将基线调整到理想的位置上。

(9) 观察基线的运行情况，气相色谱仪刚运行时的基线漂移很厉害，随着色谱仪运行时间的延长，基线逐渐趋于稳定的直线状态。

(10) 基线运行平稳后，可点击“零点校正”按钮，准备进样并采集数据。

(11) 样品的检测

① 取微量进样器，注意手不要拿注射器的针头和有样品部位、不要有气泡（抽取试样时要慢、快速排出再慢吸，反复置换几次，多吸 1～2μL，把注射器针尖朝上，气泡走到顶部再推动针杆排除气泡，进样速度要快（但不宜特快），每次进样保持相同速度，针尖到汽化室中部开始注入样品。

② 注入样品的同时，按下工作站遥控开关或点击单击“采集数据”按钮，观察出峰情况。

③ 采集完毕后，单击“停止采集”，为此数据编辑名称并保存在样品文件夹内。如不要此数据，则单击“放弃采集”。

④ 在“在线色谱工作站”状态时，打开“离线色谱工作站”。

⑤ 在“off line”下，打开文件，查阅数据，并对所得结果进行计算、打印。

2. 气相色谱仪的关闭

(1) 桥流的关闭

① 将色谱仪面板上的桥流启动键（红色）断开。

② 按“参数”键，进入设置界面，按“确认”键，光标自动下移至桥流设定（Current)，按“0”键、“确认”键，停止桥流。

(2) 降低温度

① 进入温度控制界面，设定温度。

② 设定柱箱的温度：按控制面板上的“柱箱”键，面板显示“Setup COL”，按“0”键、“确认”键后，柱箱温度设定完毕。

③ 设定热导池的温度：按控制面板上的“检测器”键，面板显示“Setup DET”，按“0”键、“确认”键后，热导检测器温度设定完毕。

④ 设定进样器的温度：按控制面板上的“进样器”键，面板显示“Setup INJ”，按“0”键、“确认”键后，进样器温度设定完毕。

⑤ 此时，色谱仪开始降温。

(3) 等到热导池的温度降到 100℃以下时，关闭色谱仪电源启动开关。

(4) 关闭氢气发生器开关。

3. 检查

注意检查气相色谱仪的状态，有异常情况及问题应及时报修。

4. 警告

① 热导检测器使用前必须先通载气，否则会将检测器的铼钨丝烧毁！

② 三块表的压力已提前校正完毕，不准轻易调整！

③ 热导检测器极易受环境影响，且稳定时间很长！

④ 应根据使用情况及时更换进样垫！

⑤ 降温时必须先断开桥电流！

⑥ 一定要等到热导池的温度降到100℃以下时，方可关闭气相色谱仪电源！

⑦ 氢气发生器必须在气相色谱仪停止工作后方可关闭！

⑧ 使用过程中随时观察氢气发生器及气相色谱仪的工作状态，发现问题须立即停止实验，待排除故障后再使用！

实验 11 水循环系统自组装实训实验

扫码观看讲解视频

“水循环系统自组装实训实验”是基于学生在修完化工原理课程的“流体流动和输送”章节之后进行的实训环节，是化工专业类本科生实践教学的重要实训科目之一。通过该实训实验，学生初步掌握化工系统的安装与运行。

1. 实验目的

① 掌握化工系统中管件、阀门的种类、规格和连接方法；

② 学会根据设备布置图安装化工系统管路，对所安装系统进行试漏、开停车运行、检修、拆卸及部分设备的更换等；

③ 熟悉并掌握化工系统中管路和机泵等拆装常用工具的种类及使用方法，如呆扳手、梅花扳手和套筒扳手等；

④ 绘制阀门特性曲线。

2. 实验原理

根据系统流程要求，将管件与管件或者管件与阀门等连接起来，形成一个水循环系统，从而达到使用目的。

化工系统管路中最常见的连接方式有螺纹连接和法兰连接。螺纹连接主要适用于镀锌焊接钢管的连接，它是通过管子上的外螺纹和管件上的内螺纹拧在一起而实现的。螺纹连接时，一般要加聚四氟乙烯带等作为填料。法兰连接是通过紧固螺栓、螺母和垫片压紧法兰中间的垫圈而使管道和阀门等连接起来的一种方法，具有强度高、密封性能好、适用范围广、拆卸安装方便的特点。通常情况下，采暖、煤气等中低压工业管道常采用非金属垫片，而在高温高压和化工管道上常使用金属垫片。

法兰连接的一般规定：

① 安装前应对法兰、螺栓和垫片等进行外观、尺寸、材质等检查。

② 法兰与法兰对接连接时，密封面应保持平行。

③ 为便于安装和拆卸法兰，法兰平面距支架和墙面的距离不应小于200mm。

④ 工作温度高于100℃的管道的螺栓应涂一层石墨粉和机油的调和物，以便日后拆卸。

⑤ 拧紧螺栓时应对称成十字交叉进行，以保障垫片各处受力均匀；拧紧后的螺栓露出丝扣的长度不应大于螺栓直径的一半，并不应小于2mm。

⑥ 法兰连接好后，应进行试压；发现渗漏，需要更换垫片。

⑦ 当法兰连接的管道需要封堵时，则采用法兰盖；法兰盖的类型、结构、尺寸及材料应和所配用的法兰相一致。

3. 实验装置

水循环系统流程如图 6.5 所示。实验装置主要部件包括：泵、流量计、水槽、阀门、各种管件和电控部件等。通过改变泵的安装位置 1（左侧）、2（中间）或 3（右侧）和水槽的出口管位置 1（前）、2（后）、3（左）或（右），该实验台可以组合出 12 种不同的水循环系统管路配置。系统主要部件见表 6.1。

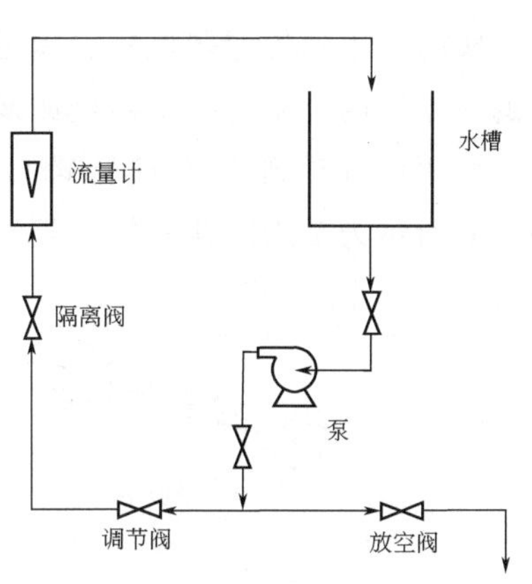

图 6.5　水循环系统流程

表 6.1　系统组件

名称	附　图	数量	名称	附　图	数量
水槽		1	0.38m 直管		
			0.28m 直管		
			0.18m 直管		
流量计		1	三通		
			直角弯头		
泵		1	调节阀		
			带直角弯管的放空阀		
0.75m 直管			螺栓、螺母和垫圈		
0.56m 直管			橡胶垫片		

实验中用到的拧转螺栓、螺母和其他螺纹紧固件的手工工具称为扳手。通常在扳手柄部的一端或两端制有夹持螺栓或螺母的开口或套孔。使用时沿螺纹旋转方向在柄部施加外力，利用杠杆原理就能拧转螺栓或螺母。扳手通常用碳素结构钢或合金结构钢制造。图 6.6 所示为常用的几种扳手类型。

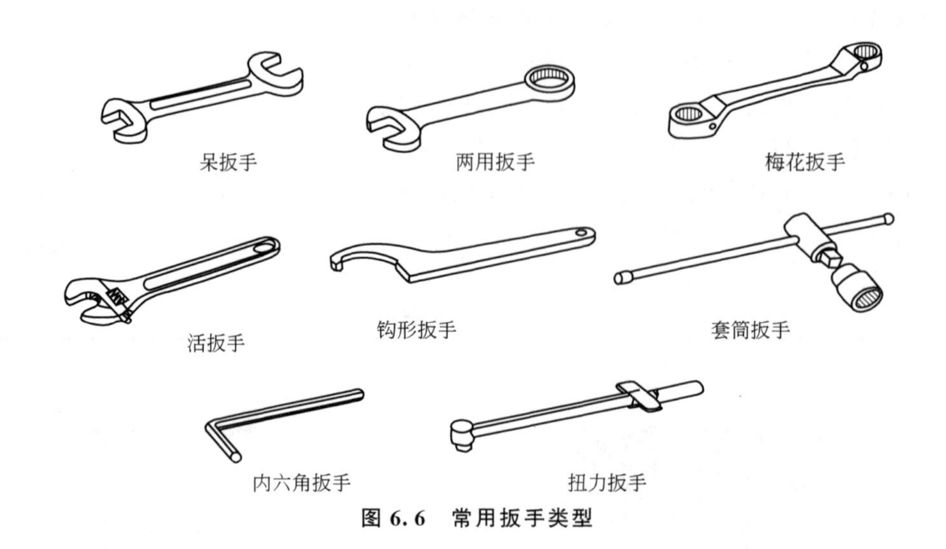

图 6.6　常用扳手类型

① 呆扳手　一端或两端制有固定尺寸的开口，用以拧转一定尺寸的螺母或螺栓。

② 两用扳手　一端与单头呆扳手相同，另一端与梅花扳手相同，两端拧转相同规格的螺栓或螺母。

③ 梅花扳手　两端具有带六角孔或十二角孔的工作端，适用于工作空间狭小、不能使用普通扳手的场合。

④ 活扳手　开口宽度可在一定尺寸范围内进行调节，能拧转不同规格的螺栓或螺母。

⑤ 钩形扳手　又称月牙形扳手，用于拧转厚度受限制的扁螺母等。

⑥ 套筒扳手　它由多个带六角孔或十二角孔的套筒并配有手柄、接杆等多种附件组成，特别适用于拧转地位十分狭小或凹陷深处的螺栓或螺母。

⑦ 内六角扳手　成 L 形的六角棒状扳手，专用于拧转内六角螺钉。

⑧ 扭力扳手　它在拧转螺栓或螺母时，能显示出所施加的扭矩；或者当施加的扭矩到达规定值后，会发出光或声响信号。扭力扳手适用于对扭矩大小有明确的规定的装配工作。

4. 实验要求

在每次实验中，学生以不多于 4 人为 1 组，至少自行组装和运行 2 种不同的管路配置。在实验过程中，要求学生：

① 做好实验前的预习，明确实验目的、原理、要求和拆装步骤，了解所使用的设备、仪器、仪表和工具。

② 实验测定不同阀门的开度与所对应的流量数据，绘制阀门特性曲线。

③ 细心操作、仔细观察、发现问题、思考问题、解决问题，在实验中培养严谨的科

学作风，养成良好的学风。

④ 实验完成后，认真整理数据，根据实训结果及观察到的现象加以分析，给出结论。

5. 实验步骤

（1）系统管路组装

按照选定的水循环系统管路配置进行管路安装。安装中要保证管路横平竖直；阀门安装前要将内部清理干净并关闭好，对有方向性的阀门要与介质流向吻合，安装好的阀门手柄位置要便于操作。

（2）系统运行

安装完成后，运行系统。调节流量控制阀门开度，测量并绘制开度分别为 0、20%、40%、60%、80%和全开的阀门特性曲线，与图 6.7 比较并进行评价。

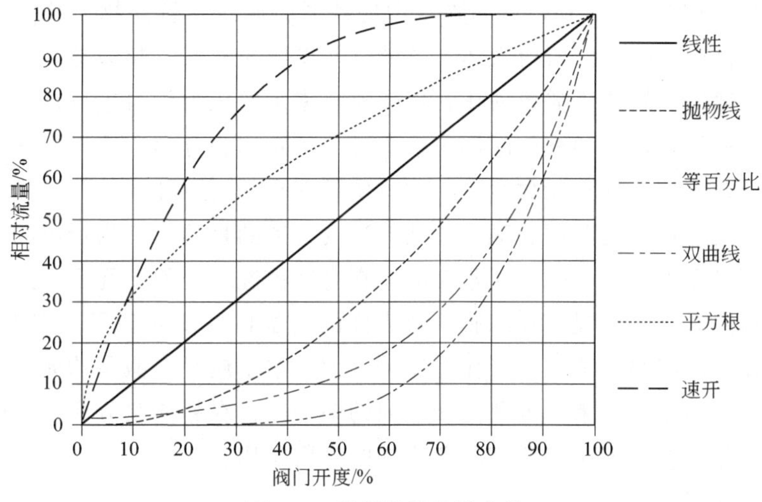

图 6.7　常用阀门特性曲线

（3）系统管路拆卸

按顺序进行，一般是从上到下，先仪表后阀门。拆卸过程中不得损坏管件和仪表。拆下的管子、管件、阀门和仪表归类放好。

6. 注意事项

① 实验操作中，正确选择安装工具。法兰安装时要做到对正，不反口、不错口、不张口。实验中如果出现跑冒滴漏现象，应及时清理。

② 安装和拆卸过程中注意安全防护，不出现安全事故。

③ 实验完成后，将各种部件、工具归位，依次排列，保持实验室井然有序的原貌。

7. 思考题

① 流量增大，泵入口处和出口处的压力如何变化？为什么？

② 为什么转子流量计内管通常是截面积自下而上逐渐扩大的锥形管？

③ 本实验所用控制阀属于图 6.7 中的哪种阀门？评价它们的差别并说明其典型应用场合。

实验 12 多功能膜分离实验

1. 实验目的

① 了解超滤膜、纳滤膜、反渗透膜的结构特点与操作方法；

② 通过实验掌握三种不同膜的分离原理和工艺过程；

③ 根据进水、浓水和纯水的流量及含盐量，计算反渗透系统回收率、溶质截留率。

2. 实验原理

超滤、纳滤、反渗透三种分离方法均是以压差为推动力的液相膜分离法。

（1）超滤（UF）

过滤精度在 0.001～0.1μm，可滤除水中的铁锈、泥沙、悬浮物、胶体、细菌、大分子有机物等有害物质，并能保留对人体有益的一些矿物质元素。超滤是矿泉水、山泉水生产工艺中的核心部件。超滤不需要加压，仅依靠自来水的压力就可进行过滤，使用成本低廉。对于超滤分离原理，一种被广泛用来形象地分析超滤膜分离机理的说法是“筛分”理论。该理论认为，膜表面具有无数微孔，这些实际存在的不同孔径的孔眼像筛子一样，截留住了分子直径大于孔径的溶质和颗粒，从而达到分离的目的。应当指出的是，若超滤完全用“筛分”的概念来解释，则会非常含糊。在有些情况下，似乎孔径大小是物料分离的唯一支配因素；但对有些情况，超滤膜材料表面的化学特性却起到了决定性的截留作用。如有些膜的孔径既比溶剂分子大，又比溶质分子大，本不应具有截留功能，但令人意外的是，它却具有明显的分离效果。因此比较全面的解释是：在超滤膜分离过程中，膜的孔径大小和膜表面的化学性质等，将分别起着不同的截留作用。

（2）纳滤（NF）

截留分子质量 200～1000Da，过滤精度介于超滤和反渗透之间，对 NaCl 的脱除率在 90%以下，反渗透（RO）膜几乎对所有的溶质都有很高的脱除率，但纳滤膜只对特定的溶质具有高脱除率，脱盐率比反渗透膜低。纳滤膜具有很强的选择性截留作用，对不同价态离子截留能力差异很大，体现出极高的选择透过的性能。其传质机理为溶解-扩散方式，由于纳滤膜大多为荷电膜，其对无机盐的分离行为不仅受化学势梯度控制，同时也受电势梯度影响。目前纳滤技术已经广泛应用于海水淡化、超纯水制造、食品工业、环境保护等诸多领域，成为膜分离技术中的一个重要的分支。

（3）反渗透（RO）

过滤精度为 0.0001μm 左右，是美国 20 世纪 60 年代初研制的一种超高精度的利用压差的膜法分离技术。几乎可滤除水中的一切的杂质（包括有害的和有益的），只允许水分子通过。也就是说用反渗透膜制水的过程中，一定会损耗将近 50%以上的自来水。反渗透技术需要加压、流量小，水的利用率虽然低，但能有效去除各种杂质包括超细病菌。因此未来生活饮用水的净化将以反渗透技术为主，并结合其他的过滤材料（如物质滤芯），一般用于家庭纯净水、工业超纯水、医药超纯水的制造。

3. 实验装置

(1) 实验流程图

超滤、纳滤、反渗透组合膜分离实验流程如图 6.8 所示。

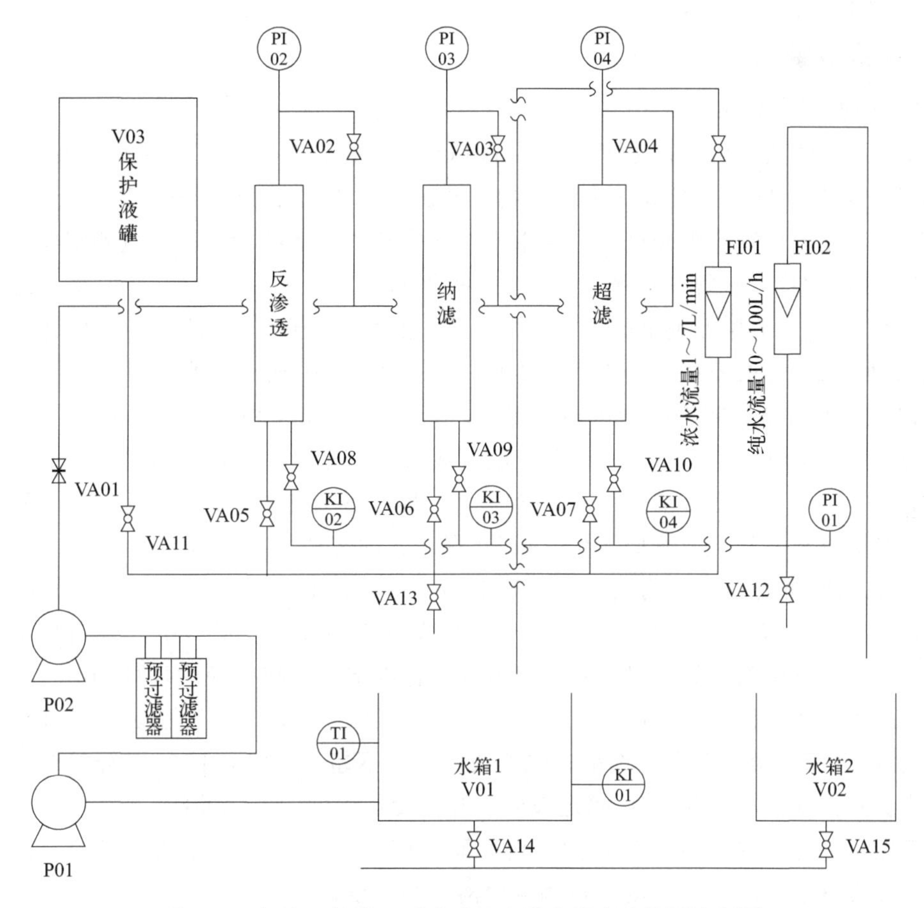

图 6.8　超滤、纳滤、反渗透组合膜分离实验装置流程图

V01—原水水箱；V02—透过液水箱；VA01—主管道流量调节阀；VA02，VA03，VA04—进水阀；VA05，VA06，VA07—浓缩液出口阀；VA08，VA09，VA10—透过液出口阀；VA11—保护液出口阀；VA12—透过液取样阀或管道放净阀；VA13—浓缩液取样阀或管道放净阀；VA14，VA15—原水箱和透过液水箱的放净阀；FI01，FI02—流量计；PI01，PI02，PI03，PI04—压力表；P01，P02—蠕动泵

(2) 流程说明

本实验装置将超滤、纳滤、反渗透三种卷式膜组件并联于系统，根据分离要求选择不同膜组件单独使用，可用于不同种类膜组件的学习，也可用于溶液的浓缩分离，适用范围广，其组合膜过程可分离分子量为几十的离子到分子量几十万的蛋白质分子。本装置设计紧凑，滞留量小，系统可提供压力范围为 0～1MPa，建议操作压力范围为 0～0.6MPa。

(3) 设备仪表参数

反渗透膜：聚酰胺复合膜，膜面积 1.4m^2，允许最高温度 45℃，长期运行允许 pH 范围 4～10。

纳滤膜：聚酰胺复合膜，膜面积 1.3m^2，允许最高温度 45℃，截留分子质量 200Da，长期运行允许 pH 范围 4～10；此系列纳滤膜对不同价态离子截留能力差异很大，体现出很强的选择透过性能。特别在降低硬度方面，截留率可达 98%，水质软化性能优异。

超滤膜：聚醚砜材质，膜面积 1.4m^2，截留分子质量 10000Da，常规运行压力 0.2～0.8MPa，运行温度 5～55℃。

4. 实验步骤

（1）超滤膜性能测试

超滤膜性能的测试用质量浓度为 100μg/mL 左右的聚乙烯醇（PVA）溶液为备用液，PVA 与特定显色剂反应生成蓝绿色配合物，此配合物在波长为 690nm 处有一最大吸收，因此通过测定此配合物的吸光度可直接求出溶液中聚乙烯醇的含量。通过测定原料液和透过液中 PVA 的浓度，计算超滤膜对 PVA 的截留率。

① 浓度 50μg/mL 的原料液配制　首先根据水箱中去离子水的体积称量浓度为 50μg/mL PVA 溶液所需 PVA 的质量，将 PVA 固体加入适量冷水中充分溶胀，然后边搅拌边升温到 95℃以上加速溶解，将充分溶解后的 PVA 溶液加入水箱，搅拌均匀后备用。

② 显色剂的配制　0.006mol/L 碘溶液：称取 0.15g 碘，0.45gKI，定容到 100mL 的容量瓶中。0.64mol/L 硼酸溶液：称取 3.96g 硼酸定容到 100mL 的容量瓶中。显色剂为以上浓度碘溶液和硼酸溶液按照 3∶5 体积比混合后的溶液。

③ 绘制标准曲线　首先用质量浓度为 100μg/mL 的 PVA 溶液，分别取 1mL、2mL、5mL、8mL、10mL 浓度为 100μg/mL 的 PVA 溶液于 50mL 容量瓶中，分别在每个容量瓶中加入 10mL 显色剂（如果显色不好可改为在标准溶液和待测液中均加 20mL 显色剂），定容，配制浓度分别等于 2mg/L、4mg/L、10mg/L、16mg/L、20mg/L 的 PVA 溶液（具体浓度可根据实验要求自行选择，建议浓度最大不超过 50mg/L），充分混合后放入比色皿中检测吸光度，根据朗伯-比尔定律做出吸光度与浓度的关系曲线。

注意在用吸光度进行检测时要做空白实验，即取相同体积的显色剂于 50mL 容量瓶中，然后加去离子水定容至刻度，检测空白溶液吸光度。

④ 开始实验　首先检测阀门 VA01 及另外两只膜相关的阀门 VA02、VA03、VA05、VA06、VA08、VA09 是否处于关闭状态，然后打开阀门 VA04、VA07、VA10，依次启动增压泵 P01 和高压泵 P02，缓慢调节阀门 VA01 至最大，此时进膜压力显示数为零，然后缓慢调节阀门 VA07，增加进膜压力（膜元件进水要逐渐升压，升压到正常状态的时间不少于 60s），分别记录不同进膜压力下浓水流量和纯水流量。

⑤ PVA 浓度测试方法　分别取不同压力下透过液与原料液于 50mL 滴瓶中，然后分别用移液管取原料液 5mL 至 50mL 容量瓶中，取透过液 25mL 至 50mL 容量瓶中，加入 10mL 显色剂，定容，显色 15min，检测，分别记录不同溶液的吸光度。

（2）纳滤膜性能检测

此纳滤膜截留分子质量 200Da，在溶液过滤时对离子选择性截留，其中在降低硬度方面截留率可达 98%，因此，此检测实验用硫酸镁溶液做原料液，检测纳滤膜对硫酸镁的截留性能。

首先配制 0、10μg/mL、50μg/mL、100μg/mL、1000μg/mL 五种不同浓度硫酸镁溶液，测定不同溶液电导率，做电导率和浓度关系曲线。

开始实验时首先配制原料液，建议浓度不大于 1000μg/mL，检测阀门 VA01 及另外两只膜相关的阀门 VA02、VA04、VA05、VA07、VA08、VA10 是否处于关闭状态，然后打开阀门 VA03、VA06、VA09，依次启动增压泵 P01 和高压泵 P02，缓慢调节阀门 VA01 至最大，此时进膜压力显示数为零，然后缓慢调节阀门 VA06，增加进膜压力（膜元件进水要逐渐升压，升压到正常状态的时间不少于 60s），分别记录不同进膜压力下浓水流量、纯水流量和电导率示数（KI01 和 KI03）。根据电导率示数代入标准曲线，计算纳滤膜对溶质的截留率。

（3）反渗透膜性能检测

反渗透膜能截留大于 0.0001μm 的物质，是最精细的一种膜分离产品，其能有效截留所有溶解盐分及分子量大于 100 的有机物，同时允许水分子通过。此反渗透膜性能检测用氯化钠溶液做原料液，测定不同压力下 RO 膜对氯化钠的截留率。

首先配制 0、10μg/mL、50μg/mL、100μg/mL、1000μg/mL 五种不同浓度氯化钠溶液，测定不同溶液电导率，做电导率和浓度关系曲线。

开始实验时首先配制原料液，建议浓度不大于 1000μg/mL，检测阀门 VA01 及另外两只膜相关的阀门 VA03、VA04、VA06、VA07、VA09、VA10 是否处于关闭状态，然后打开阀门 VA02、VA05、VA08，依次启动增压泵 P01 和高压泵 P02，缓慢调节阀门 VA01 至最大，此时进膜压力显示数为零，然后缓慢调节阀门 VA05，增加进膜压力（膜元件进水要逐渐升压，升压到正常状态的时间不少于 60s），分别记录不同进膜压力下浓水流量、纯水流量和电导率示数（KI01 和 KI02）。根据电导率示数代入标准曲线，计算 RO 膜对溶质的截留率。

（4）膜的清洗与维护

① 膜组件清洗

由于膜适用范围广泛，处理介质复杂，在处理料液过程中，膜表面会存在不同程度的污染。清洗周期越短，膜性能恢复越好，使用寿命越长。清洗方式主要分为物理清洗和化学清洗。

物理清洗：一般每次实验结束或每批料液处理完后，用清水将膜组件内残余料液清洗干净，用清水以一定流速通过纤维外表面（进膜压力不超过 0.4MPa），将污染物洗出，时间 20～30min。

化学清洗：如果物理清洗不能达到理想的水质和产水量，可采取化学清洗法。可用质量分数 1%的柠檬酸钠溶液，调节 pH=2.5（氨水调节），用于去除金属氢氧化物和碳酸钙等酸溶解类物质。也可用三聚磷酸钠或磷酸三钠等配制质量分数 1%、pH=10～11 的溶液进行清洗，其主要用于去除有机类物质和微生物黏胶层。清洗时进膜压力不超过 0.4MPa。

② 膜组件的维护

若系统停机时间不超过七天，要用不含氧化剂的水冲洗系统至少 30min，然后在系统充满冲洗液的情况下，关闭所有进出口阀门。当水温超过 20℃时，每日重复上述步骤一次，温度低于 20℃时，每 2 日重复上述冲洗步骤一次。

若系统停机时间超过七天，按正常流程将膜清洗完后，用质量分数 0.5%～1%的亚硫酸氢钠溶液充满膜组件，关闭所有进出口阀门，每 30 天重复上述步骤 2～3 次。

操作方法如下：将保护液罐加满保护液，依次打开阀门 VA05、VA06、VA07、VA11，然后打开膜组件原液进口阀门，保护液会依次流入各个膜组件内。待保护液罐液位不变时关闭阀门 VA11、VA05、VA06、VA07，然后打开阀门 VA13 将管路中的液体放净。

长时间未用且含有亚硫酸氢钠溶液的膜组件在重新开机后，透过液直接运行排放 1h，确保透过液中不含残余保护液。

5. 注意事项

① 在打开膜组件进水阀门时，确保膜组件浓水和产水侧阀门处于打开状态，即使在调节进膜压力时，浓水侧开关也不能完全关闭。

② 调节进膜压力时一定要缓慢调节，防止压力瞬间增大，对膜组件造成伤害。

③ 增压泵在运行时有发热现象，属于正常状态。

④ 实验结束后，将两个水箱水放净，尤其在冬季室温过低时，应确保水箱、管路及泵内的水不过夜，避免结冰引起泵等部件损坏。

6. 实验记录

（1）超滤膜标准曲线

序号	浓度/(μg/mL)	吸光度
1		
2		
3		
4		
5		

（2）超滤膜实验数据记录

原水吸光度：________　　原水浓度：________

序号	进膜压力/MPa	浓液流量/(L/min)	清液流量/(L/h)	吸光度	清液浓度/(μg/mL)	脱除率
1						
2						
3						
…						

（3）纳滤膜标准曲线

序号	浓度/(μg/mL)	电导率
1		
2		
3		
4		
5		

（4）纳滤膜实验数据记录

序号	进膜压力/MPa	浓液流量/(L/min)	清液流量/(L/h)	KI01	KI03	浓液浓度/(μg/mL)	清液浓度/(μg/mL)	截留率
1								
2								
3								
…								

(5) 反渗透膜标准曲线

序号	浓度/(μg/mL)	电导率
1		
2		
3		
4		
5		

（6）反渗透膜实验数据记录

序号	进膜压力/MPa	浓液流量/(L/min)	清液流量/(L/h)	KI01	KI02	浓液浓度/(μg/mL)	清液浓度/(μg/mL)	截留率
1								
2								
3								
…								

第7章 演示实验

实验13 雷诺实验

1. 实验目的

① 观察流体在管内流动时的不同流动状态及不同流动类型的转变过程，并观察层流状态下管路中流体速度分布状态。

② 测定流型转变时的临界雷诺数。

2. 实验原理

经典的雷诺实验于1883年首次被科学家奥斯本·雷诺设计并展示。通过本实验可直接地观察到管路中不同流型的流体流动特点。流体流动有两种不同流型，即层流和湍流。流体作层流流动时，其流体质点沿着与管轴平行的方向作直线运动，且互相平行。湍流时质点在沿管道轴向流动的同时还作不规则的随机运动，但流体的主体向某一方向流动。雷诺数 Re 是判断流动类型的特征数。若流体在圆管内流动，则雷诺数用式（7.1）表示：

$$Re=\frac{du\rho}{\eta} \tag{7.1}$$

式中，Re 为雷诺数，量纲为1；d 为圆管内径，m；u 为流体流速，m/s；ρ 为流体密度，kg/m^3；η 为流体黏度，$N \cdot s/m^2$ 或 $Pa \cdot s$。

一般认为，$Re \leqslant 2000$ 时，管内流体流动类型为层流；$Re \geqslant 4000$ 时，流体流动类型为湍流；Re 为2000～4000，为不稳定的过渡流。对于一定温度的流体，在特定的圆管内流动，雷诺数仅与流体流速有关。

本实验通过改变流体在管内的速度，观察在不同雷诺数下流体流动状态的变化。低流量时，有色墨水在水平圆管中心的流动呈一平稳的细线；随着流量的逐渐增大，有色墨水成为波浪形细线，并且不规则地波动；流量继续增大，细线的波动加剧，进而形成许多旋涡向四周散开，有色墨水扩散至全管，从而使管内流体的颜色均匀一致。另外，层流时由于流体与管壁间的摩擦力及流体内摩擦力的作用，管中心处流体质点速度最大，越靠近管壁速度越小。因此，静止时处于同一横截面的流体质点，开始层流流动后，可观察到呈旋转抛物面的速度分布。

3. 实验装置

实验装置如图 7.1 所示，主要由水槽、水平圆管、溢流板、离心泵等部分组成。

实验前，先开启进水阀 8，关闭出水阀 9，让水充满带溢流装置的水槽，打开调节阀 7，将系统中的气泡排尽。示踪剂采用有色墨水，打开调节阀 3，由有色墨水贮瓶经连接软管和注射针头，注入实验圆管。注射针头位于圆管入口处 15cm 处的中心轴位置。

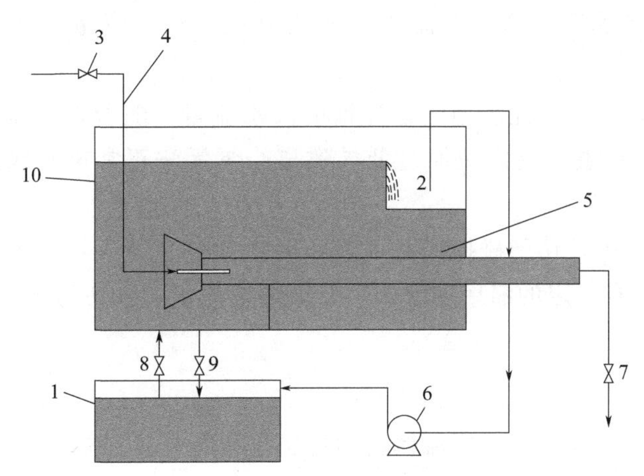

图 7.1　雷诺实验装置

1,10—水槽；2—溢流槽；3,7,8,9—阀门；4—细管；5—水平圆管；6—离心泵

4. 演示操作

（1）层流

实验时缓慢开启调节阀 7，将流量从零慢慢调大至需要的值，再调节有色墨水的注射器阀门 3，排出管中的气泡并调节阀门的开度至适宜位置，使有色墨水的注入流速与水平圆管中主体流体的流速相适应，一般以略低于水的流速为宜。此时，在水平实验圆管的轴线上，就可观察到一条平行的有色细流。

层流操作时，水槽的溢流量应尽可能减小，并避免人为震动，使层流状态较快形成并保持稳定。

（2）湍流

缓慢加大调节阀的开度，使水的流量平稳增大，水平圆管内的流速也随之平稳增大。可观察到水平圆管轴线上呈直线流动的有色细流开始发生波动，记录流速并计算层流的临界雷诺数。随着流速的增大，有色细流的波动也随之增大，最后断裂成一段段的有色细流。当流速继续增大时，墨水进入水平圆管后，立即呈烟雾状分散在整个圆管内，进而迅速与主体水混为一体，使整个管内流体染为一色，记录此时的流速并计算湍流的临界雷诺数。

（3）层流速度分布

关闭有色墨水阀门 3，待水平圆管有色液体排尽，关闭阀门 7。之后，打开有色墨水阀门 3，使少量墨水流入圆管入口端并于横截面扩散。最后，突然以较小开度打开流量调节阀 7，此时，在实验圆管中可观察到有色墨水流动形成的速度分布呈旋转抛物面状。

实验结束关闭墨水调节阀 3，关闭进水阀 8，打开装置上的排水阀 9，关闭流量调节阀 7，实验装置恢复原状。

5. 注意事项

① 实验中有色墨水由贮瓶经连接软管和注射针头注入水平圆管。应注意适当调节针头的位置，使针头位于管轴线上为佳。有色墨水的注射速度应与主体流速相近（略低些为宜），因此，随着水流速度的增加，需相应地调节墨水注射流量，才能得到较好的实验效果。

② 实验过程中，应随时注意稳定溢流槽的溢水流量，随着操作流量的变化，相应调节泵出口阀开度，防止溢流槽内液面过低导致离心泵无法正常排水或液面过高造成泛滥事故。

③ 整个实验过程中，切勿碰撞设备，操作时也要轻巧缓慢，以免干扰流体流动过程的稳定性。实验过程有一定的滞后现象，因此，调节流量过程切勿操之过急，状态确实稳定之后再继续调节。

6. 思考题

① 结合雷诺实验的观察，分析流体流动从层流状态过渡到湍流状态的转变过程。

② 分析为什么墨水应在水平管道的中心注入。

③ 简述如何根据雷诺数判断流体的流动状态。

实验 14 机械能衡算实验

1. 实验目的

① 了解流体在管内流动时静压能、动能、位能之间相互转化的关系，并在此基础上理解伯努利方程。

② 理解流体在管内流动时流体阻力对机械能的影响。

2. 实验原理

流体在流动时具有三种机械能，即位能、动能、静压能。当管路条件（如位置高低、管径大小）改变时，这三种能量会相互转化。因为摩擦作用，实际流体流动过程中会有一部分机械能因摩擦和碰撞而转化为热能。转化为热能的机械能在管路中是不能恢复的。因此，实际流体在两个截面上的机械能总和是不相等的，两者的差额即为能量损失。动能、位能、静压能三种机械能都可以用液柱高度来表示，分别称为位头、动压头和静压头。任意两个截面间位头、动压头和静压头三者总和之差即为压头损失。

对于不考虑阻力的理想流体，其位能、动能、静压能可相互转化。瑞士科学家丹尼尔·伯努利于 1738 年首次定性分析了三种机械能的变化关系，1752 年瑞士科学家莱昂哈德·欧拉首次给出了伯努利方程的通用形式，即

$$gz+\frac{p}{\rho}+\frac{u^2}{2}=\text{常数} \tag{7.2}$$

式(7.2) 中 gz 为单位质量流体具有的位能；$\frac{p}{\rho}$为单位质量流体具有的静压能；$\frac{u^2}{2}$为单位质量流体具有的动能。在该实验中，通过观察、分析流动过程中管路内径、相对高度及流量的改变造成的静压头与动压头的变化情况并找出其规律，以验证伯努利方程。因此，本实验也被称为伯努利实验。

3. 实验装置

本实验装置如图 7.2 所示，含实验测试管路、高位槽、低位槽、离心泵及转子流量计等。高位槽中的水经测试管路后回到低位槽，而低位槽中的水用离心泵打到高位槽，以保证高位槽始终保持溢流状态。测试管由不同直径不同高度的玻璃管连接，便于观测。在测试管的不同位置设置了若干测量点，每个测量点连接有两个垂直测压管，其中一个测压管直接连接在管壁处，其液位高度反映测量点处静压头的大小，为静压头测量管；另一测压管测口在管中心处，正对水流方向，其液位高度为静压头和动压头之和，称为冲压头测量管。测压管液位高度可由装置上的刻度尺读出。测试管路中测量点的设计可反映管径、高度等因素及阻力对各项机械能造成的影响。

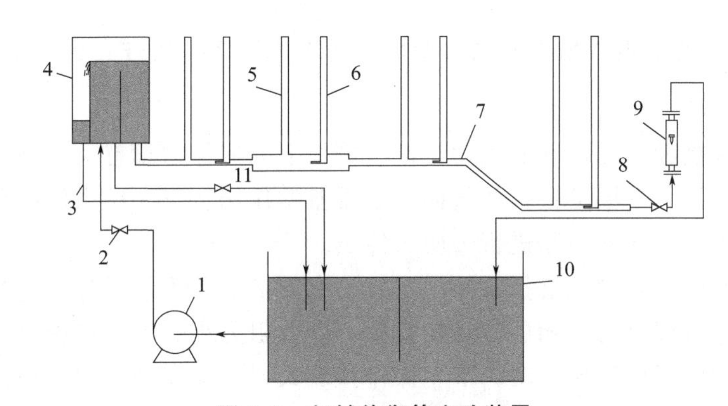

图 7.2　机械能衡算实验装置

1—离心泵；2,8—流量调节阀；3—溢流管；4—高位槽；5—静压头测量管；
6—冲压头测量管；7—实验测试管路；9—转子流量计；10—低位槽；11—回流阀

4. 演示操作

① 往低位槽中加入 1/2～2/3 体积的蒸馏水，关闭离心泵出口流量调节阀 2、回流阀 11 及流量调节阀 8，启动离心泵。

② 将实验管路上的流量调节阀全部打开，逐步开大离心泵出口流量调节阀至高位槽溢流管中有水溢流，待流动稳定后观察并读取各测压管的液位高度。

③ 逐渐关小调节阀，改变流量，观察并记录同一测量点及不同测量点各测压管液位的变化。

④ 关闭离心泵出口流量调节阀和回流阀后，关闭离心泵，实验结束。

5. 注意事项

① 应排出实验管路和测压管内的气泡。

② 不要将离心泵出口流量调节阀开得过大，以避免水从高位槽中冲出导致高位槽液面不稳定。

③ 改变流量调节阀应缓慢操作，避免造成流量突然剧烈变化，使测压管中的水溢出。

6. 思考题

① 分析若测压管非直立而是倾斜放置时的测量结果。

② 流量增大时，分析设备中各测量管的读数将如何改变并解释原因。

③ 分析不可压缩流体在水平圆管流动时流速及各项机械能与管径的关系。

实验 15 板式塔流体力学实验

1. 实验目的

① 了解板式塔的基本结构，观察筛板塔、泡罩塔、浮阀塔和舌形塔塔板上气液两相接触状况。

② 观察板式塔正常操作时气液流动、漏液和液沫夹带以及不正常操作时的严重漏液和液泛等现象。

③ 测定相同气速下板式塔中不同类型塔板的塔板压降，比较其压降大小。

2. 实验原理

塔板上的气液接触，塔内气液流动，都与塔板上的流体力学有关。操作时，液体从上层塔板经降液管流到下一层塔板；而气体由于压差的作用从下一层塔板经筛孔上升穿过液层形成错流，在塔板上气液两相进行传质、传热。

工业中常用的塔板有筛孔塔板、浮阀塔板、泡罩塔板及舌形塔板等。筛孔塔板中气体通过筛孔分散穿过塔板上的液相层，结构简单、塔板阻力小；浮阀塔板上设置一些较大的阀孔，浮阀的开度可根据气速自动调节，操作弹性大，气体流动阻力较小；泡罩塔板上的气体通道由升气管和泡罩组成，气体经升气管穿过塔板，在泡罩的顶端回转并沿泡罩底端的缝隙均匀地进入塔板上的液相层，进行两相传质；舌形塔板上设置多个舌形孔，并与板面成20°左右张角，减少气速较高引起的液沫夹带量。

气液两相接触的过程中，随着气流速度的变化，大致有五种状态：鼓泡态、蜂窝状泡沫态、泡沫态、喷射态和乳化态。工业精馏塔塔板上主要采用泡沫态和喷射态两种气液接触状态，其特点为：

① 泡沫态　气速较大时，气体鼓泡剧烈使得液体成膜状分布形成泡沫层，泡沫不断地破裂和再生，使两相间传质界面不稳定，不断更新，传质效率较高。

② 喷射态　进一步提高气速时，液相将分散成液滴群破坏泡沫层，气相变为连续相，液相变为分散相，此时，分散的液滴表面为传质面，强化了传质过程。

正常操作时，气速比较适中，无明显飞溅的液滴，泡沫层的高度适中，这表明实际气速在合适的操作范围内。对于不正常操作，主要包括以下现象：

① 严重漏液现象　当塔板在低气速下操作时，气体通过塔板克服开孔处的液体表面张力，以及液层摩擦阻力所形成的压降，不能抵消塔板上液层的重力，因此液体将会穿过塔板上的筛孔往下漏；当漏液量达到一定程度，塔不能正常操作，即产生严重漏液现象。

② 液泛现象　塔板某些参数设计不合理或塔的操作条件不当，引起塔内气液两相流

动不畅，导致塔内液相充满整个塔板之间的空间，该现象称为液泛现象。液泛现象分为过量液沫夹带引起的液泛和降液管内的液体流动不畅引起的液泛。前者是因为液沫夹带量过大时，使上层塔板液相流动不畅，难以流至下一层塔板，在塔板上积累，直至液相充满两板之间的空间，引起过量液沫夹带液泛；后者是因为塔板压降和降液管内流动阻力之和过大，降液管内液层上升至上层塔板的出口堰以上，破坏了降液管正常流动，上层塔板上液相积累至充满塔板间的空间，引起降液管液泛。

3. 实验装置

板式塔流体力学实验装置如图 7.3 所示，主要由风机、气阀、筛孔塔板、泡罩塔板、浮阀塔板、舌形塔板、液体进料泵、压差计、水阀等部分组成。该装置设置四种不同类型塔板的板式塔，用于观察气液两相接触状况及塔正常/不正常操作现象，并利用压差计测定不同类型塔板的压降大小。实验用水由离心泵抽出输送至各个塔塔顶，水阀用于调节水流量；空气由风机抽出经气阀输送至各个塔塔底，气阀用于调节空气流量。

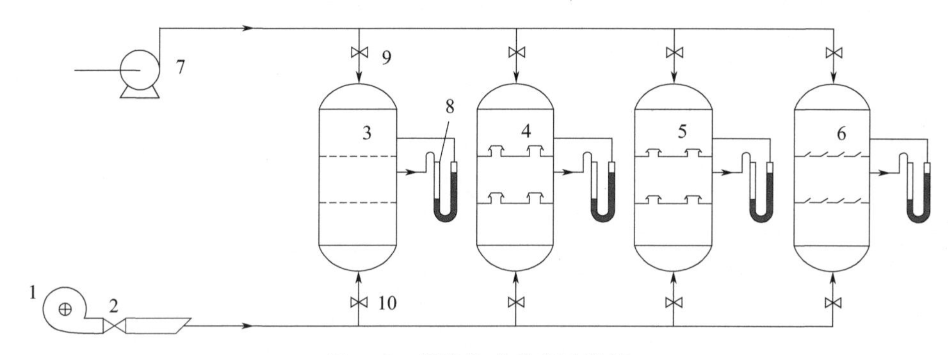

图 7.3　塔流体力学实验装置

1—风机；2,10—气阀；3—筛孔塔板；4—泡罩塔板；5—浮阀塔板；6—舌形塔板；
7—液体进料泵；8—压差计；9—水阀；

4. 演示操作

本实验为冷模实验，采用水-空气体系。演示前需先供水，再启动风机，气阀处于半开位置。启动泵，打开进水阀，使一定的水量进入塔顶部，让塔板充分润湿。演示时，采用固定的水流量，改变气速，以演示各种气速时的运行状况。

① 全开气阀，气速达到最大值。这时可以看到泡沫层很高，并且有大量液滴从泡沫层上方被气体带至上一块塔板，引起过量液沫夹带液泛现象。这种现象表示实际气速远超设计气速。

② 逐渐关小气阀。这时飞溅的液滴明显减少，泡沫层的高度适中，气泡较为均匀，表示实际气速符合设计值，这是板式塔正常运行状态。

③ 进一步减小气速。当气速远小于设计气速时，此时由于鼓泡少，气液两相接触面积减小，泡沫层明显减少。

④ 再进一步关小气阀。这时可以看到液体从气相通道大量漏出，这就是板式塔的严重漏液现象。整个演示过程还可以从 U 形管压差计上读出各个操作状态下不同类型塔板的塔板压降。

5. 注意事项

① 实验之前，需要先打开进水阀，向装置内通入一定量的水。

② 实验过程中，改变空气或者水的流量时，必须待其稳定后再观察塔板上的气液接触现象。

6. 思考题

① 塔板上液位落差的存在对气液传质有何影响？

② 产生严重漏液现象的原因是什么？

③ 操作过程中，若恒定水流量而逐渐增加进气量，可能会产生什么现象？

④ 为什么说过量液沫夹带液泛和降液管液泛往往是相互影响、密切相关的？

参考文献

[1] 都健，王瑶．化工原理（上册）．4 版．北京：高等教育出版社，2022.

[2] 潘艳秋，肖武．化工原理（下册）．4 版，北京：高等教育出版社，2022.

[3] 张金利，郭翠梨，胡瑞杰，等．化工原理实验．2 版．天津：天津大学出版社，2016.

[4] 史贤林，张秋香，周文勇，等．化工原理实验．2 版．上海：华东理工大学出版社，2023.

[5] 王雪静，朱芳坤．化工原理实验．2 版．北京：化学工业出版社，2015.

[6] 赵晓霞，史宝萍．化工原理实验指导．北京：化学工业出版社，2022.

[7] 孔珑．工程流体力学．3 版．北京：中国电力出版社，2007.

[8] 天津大学化工技术基础实验教研室．化工基础实验技术．天津：天津大学出版社，1989.

[9] 聂铁军．工程数学计算方法．北京：国防工业出版社，1982.

[10] 高望东．数值计算方法．大连：大连理工大学出版社，1992.

[11] 大连理工大学．应用概率统计．北京：科学出版社，2001.

[12] 方开泰．正交及均匀试验设计．大连：大连理工大学出版社，1992.

[13] 黄凯，张志强，李恩敬．大学实验室安全基础．北京：北京大学出版社，2012.

[14] 朱莉娜，孙晓志，弓保津，等．高校实验室安全基础．天津：天津大学出版社，2014.

[15] 黄志斌，唐亚文．高等学校化学化工实验室安全教程．南京：南京大学出版社，2015.

[16] W Ehrfeld，V Hessel，H Löwe. Microreactors：New Technology for Modern Chemistry. Weinheim：Wiley-VCH Verlag Gmb H，2001.

[17] 历玉鸣．化工仪表及自动化．5 版．北京：化学工业出版社，2015.

[18] 赵玉潮，应盈，陈光文，等．T 型微混合器内的混合特性研究．化工学报，2006，57（8）：1884-1890.

[19] 成大先．机械设计手册：第 2 卷．5 版．北京：化学工业出版社，2010.

[20] 张伟光，李金龙，王欣．化工原理实验．北京：化学工业出版社，2017.

[21] 王雅琼，许文林．化工原理实验．北京：化学工业出版社，2004.

[22] 张继国，程倩．化工原理实验．北京：化学工业出版社，2019.

学 习 笔 记